SICHUANSHENG GONGCHENG JIANSHE BIAOZHUN SHEJI

四川省工程建设标准设计

# 四川省建筑工程施工标准化安全防护设施图集

四川省建筑标准设计办公室

微信扫描上方二维码，
获取更多数字资源

图集号 川16J119-TY

西南交通大学出版社
·成 都·

**图书在版编目（CIP）数据**

四川省建筑工程施工标准化安全防护设施图集 / 四川华西集团有限公司，四川省第三建筑工程公司主编. —成都：西南交通大学出版社，2016.11
ISBN 978-7-5643-5083-3

Ⅰ. ①四… Ⅱ. ①四… ②四… Ⅲ. ①建筑工程－工程施工－安全防护－图集 Ⅳ. ①TU714-64

中国版本图书馆 CIP 数据核字（2016）第 249156 号

**责任编辑** 李芳芳
**封面设计** 何东琳设计工作室

**四川省建筑工程施工标准化安全防护设施图集**

主编 四川华西集团有限公司 四川省第三建筑工程公司

| | |
|---|---|
| **出版发行** | 西南交通大学出版社<br>（四川省成都市二环路北一段 111 号<br>西南交通大学创新大厦 21 楼） |
| **发行部电话** | 028-87600564 028-87600533 |
| **邮政编码** | 610031 |
| **网址** | http://www.xnjdcbs.com |
| **印刷** | 四川煤田地质制图印刷厂 |
| **成品尺寸** | 285 mm × 210 mm |
| **印张** | 4.75 |
| **字数** | 110 千 |
| **版次** | 2016 年 11 月第 1 版 |
| **印次** | 2016 年 11 月第 1 次 |
| **书号** | ISBN 978-7-5643-5083-3 |
| **定价** | 45.00 元 |

# 四川省住房和城乡建设厅

川建勘设科发〔2016〕684号

## 四川省住房和城乡建设厅关于发布《四川省建筑工程施工标准化安全防护设施图集》为省建筑标准设计通用图集的通知

各市（州）及扩权试点县（市）住房城乡建设行政主管部门：

由四川省建筑标准设计办公室组织、四川华西集团有限公司和四川省第三建筑工程公司主编的《四川省建筑工程施工标准化安全防护设施图集》，经审查通过，现批准为四川省建筑标准设计通用图集，图集编号为川16J119-TY，自2016年10月1日起施行。

该图集由四川省住房和城乡建设厅负责管理，四川华西集团有限公司和四川省第三建筑工程公司负责具体解释工作，四川省建筑标准设计办公室负责出版、发行工作。

特此通知。

四川省住房和城乡建设厅

二〇一六年八月二十九日

# 前言 Preface

为加强建设工程施工生产安全管理，杜绝和减少施工过程中生产安全事故的发生，规范施工现场安全防护设施，实现绿色环保和文明施工，推动施工现场安全管理标准化、规范化，进一步提升全省施工现场生产安全管控水平和对外形象，根据四川省住房和城乡建设厅《关于同意编制〈四川省建筑工程施工标准化、定型化、工具化安全防护设施图集（2016 版）〉省标通用图集的批复》（川建勘设科发〔2016〕627 号）的要求，由四川省建筑标准设计办公室组织，四川华西集团有限公司和四川省第三建筑工程公司共同主编了《四川省建筑工程施工标准化安全防护设施图集》（以下简称《图集》）。本图集在编制过程中依据了国家及省的相关安全管理的标准、规范、规程和法律法规，结合了建筑工程施工的特点、安全防护重点位置及安全防护设施安装的要求。本图集适用于建筑工程施工过程中设置安全防护设施。

本图集主要包含八个部分的内容：一是临边防护，二是洞口防护，三是施工电梯楼层门，四是工作棚，五是安全通道，六是配电箱防护棚，七是电梯井内模支撑平台，八是卸料平台。

本图集由四川省住房和城乡建设厅负责管理，由四川华西集团有限公司负责具体技术内容的解释。执行过程中，如有意见和建议，请寄送四川华西集团有限公司，地址：成都市金牛区解放路二段 95 号，邮编：610081，电话：028-83376063。

**本图集主编单位：** 四川华西集团有限公司
四川省第三建筑工程公司

**本图集参编单位：** 四川省建设工程质量安全监督总站
四川省建设工程质量安全与监理协会

**本图集主要起草人员：** 孙前元 殷时奎 陈云英 蒋延强 雷洪波 吴 萍 周 密
林 东 樊钊甫 吴 宇 周 冰 张林锋 刘正红 袁 洋

**本图集主要审查人员：** 杨光福 任兆祥 陈家利 刘海宏 秦建国 杨元伟
周 岷 陈朝全

# 目 录 Contents

# 临边防护

## 临边防护系列

# 一、临边防护

**【编制依据】**

《建筑施工高处作业安全技术规范》(JGJ80-2016)第4.1.1、4.1.2、4.3条及《四川省建筑工程现场安全文明施工标准化技术规程》(DBJ51/T036-2015)第7.4.2条。

## 1. 基坑(楼层)临边

**【适用范围】**

适用于基坑周边区域、楼层临边安全防护。

**【制作安装】**

(1)基坑(楼层)临边防护栏板高度1200 mm，单件长度2000 mm，根据需要级配长度。防护栏板立柱由$\phi$48.3壁厚不小于3.0 mm钢管焊接钢板底板组成，也可以选用□ 50×3.0方管制作立柱，栏板框由□ 30×2.5方管与钢丝网焊接而成，栏板底部设有200 mm高、1.5 mm厚钢板踢脚板。

(2)防护栏板应安装在平整的混凝土楼、地面，混凝土强度不低于C20。立柱用M10×100钢膨胀螺栓固定在楼、地面，栏板框用4只M8螺栓连接在立柱上。

(3)防护栏板应安装牢固，在上杆任何处，能经受任何方向的1 kN外力。

(4)立柱涂刷红白油漆，红白漆间距400 mm，栏板漆刷红色油漆，踢脚板按45°斜向间距120 mm涂刷黑黄警示色漆，护栏周围悬挂“禁止翻越”“当心坠落”等禁止、警告标志。

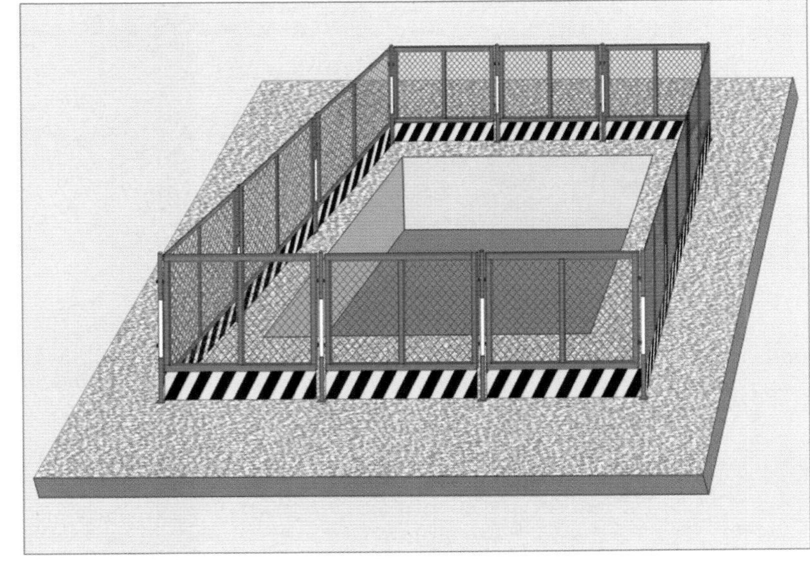

基坑临边防护成品图

基坑临边防护安装效果图

楼层临边防护安装效果图

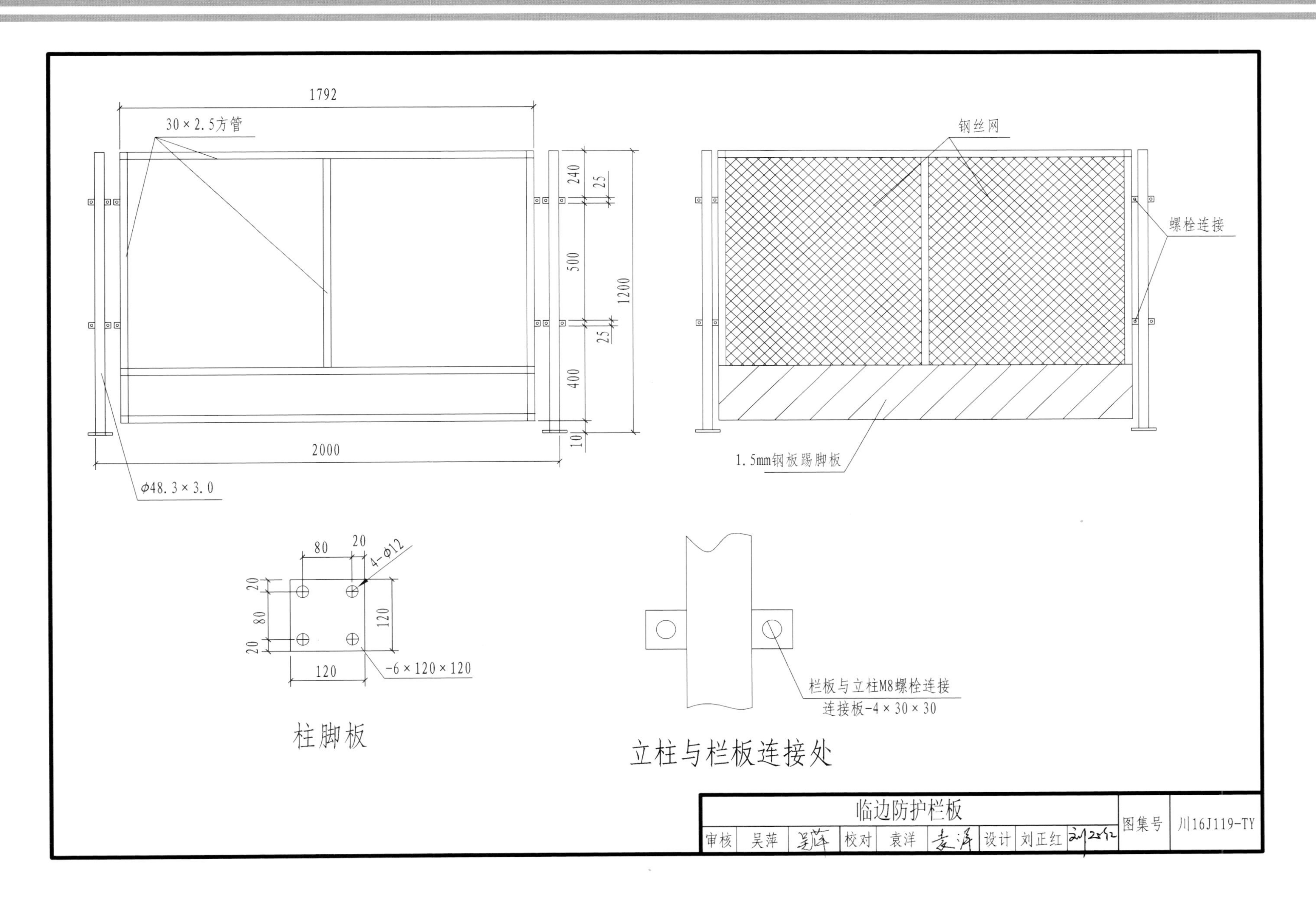
1792
30×2.5方管
240
25
500
1200
25
400
10
2000
φ48.3×3.0
钢丝网
螺栓连接
1.5mm钢板踢脚板
80
20
4-φ12
20
80
20
120
120
-6×120×120
柱脚板
栏板与立柱M8螺栓连接
连接板-4×30×30
立柱与栏板连接处
临边防护栏板
审核 吴萍 校对 袁洋 设计 刘正红
图集号 川16J119-TY

## 2. 楼梯临边

【适用范围】

适用于楼梯临边、平台临边安全防护。

【制作安装】

### 方法一

（1）楼梯及休息平台临边处搭设 1200 mm 高防护栏杆和踢脚板。

（2）防护栏杆由 $\phi$48.3 壁厚不小于 3.0 mm 钢管及 $\phi$38×3.0 钢管组成，上杆离地高度为 1200 mm, 下杆离地高度为 600 mm，横杆长度大于 1500 mm 时，必须加设立柱，横杆长度可以伸缩，并且可以绕立柱转动，适用于各种坡度和长度的楼梯临边防护。

（3）栏杆的安装是将立柱用 M10×100 钢膨胀螺栓固定在梯段或平台混凝土面，其余杆件均用螺栓连接或紧固。

（4）栏杆下设 200 mm 高踢脚板，踢脚板可用钢板或竹胶板制作，用螺栓固定在立柱上。或者将踢脚板用膨胀螺栓固定在混凝土梯段外侧，踢脚板上口高于梯踏步面的高度不得小于 100 mm。

（5）钢管表面涂刷红白警示色漆，红白漆间距为 400 mm，踢脚板按 45° 斜向间距 120 mm 涂刷黑黄警示色漆。

### 方法二

（1）用 $\phi$60×3.0 钢管制作柱脚套管、横杆套管、立柱套管、楼梯转角连接件等标准连接件，其余横杆、立柱采用 $\phi$48.3×3.0 钢管现场加工。

（2）安装时，柱脚套管用 4 只 M10×100 膨胀螺栓固定，立柱采用长度为 1250 mm 的 $\phi$48.3×3.0 钢管插入柱脚套管中，紧固套管上的紧定螺栓。

（3）其余构件安装方式同方法一。

楼梯临边防护栏杆安装效果图

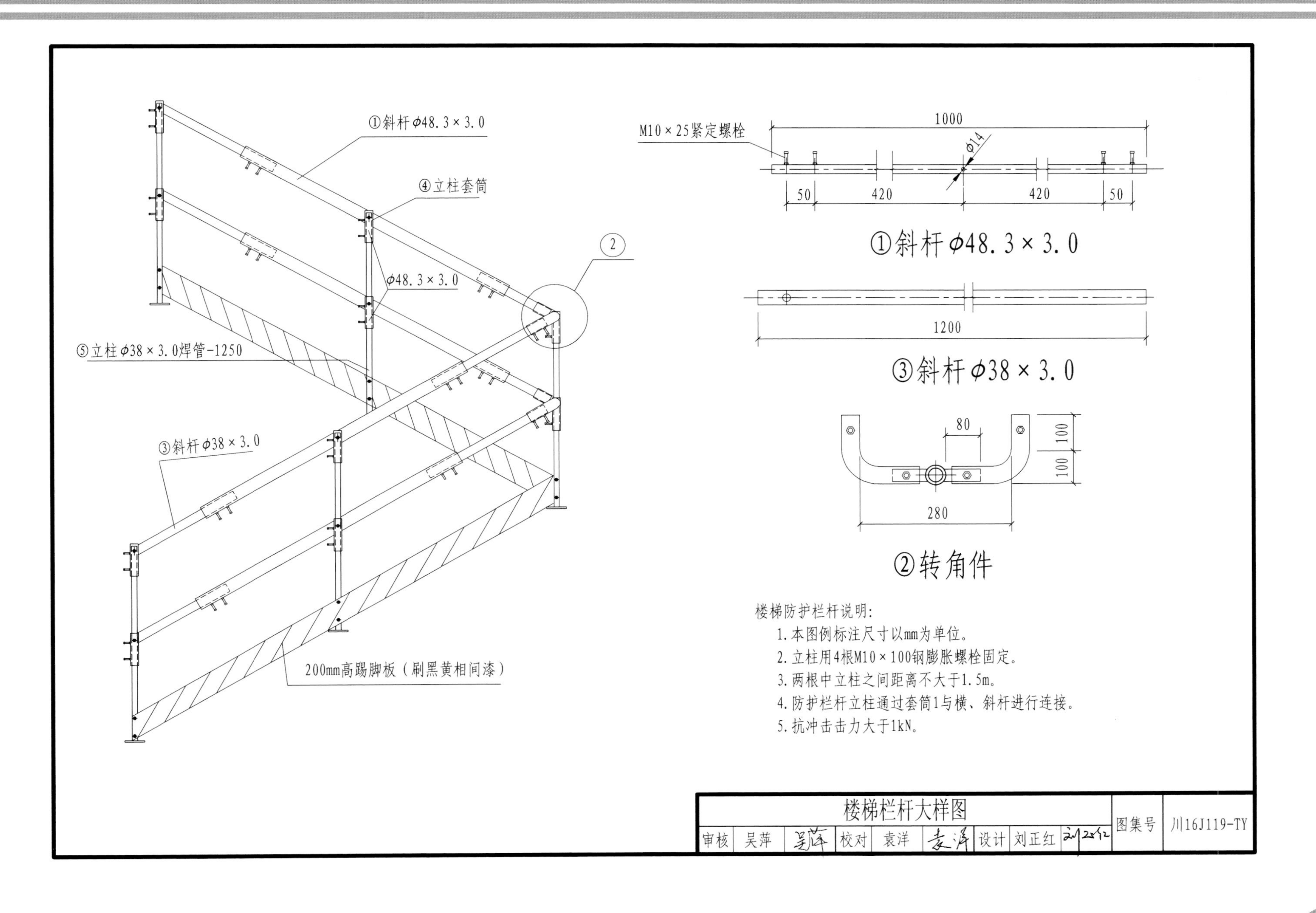


楼梯防护栏杆说明:

1. 本图例标注尺寸以mm为单位。
2. 立柱用4根M10×100钢膨胀螺栓固定。
3. 两根中立柱之间距离不大于1.5m。
4. 防护栏杆立柱通过套筒1与横、斜杆进行连接。
5. 抗冲击击力大于1kN。

| 楼梯栏杆大样图 | | | | | | | | 图集号 | 川16J119-TY |
|---|---|---|---|---|---|---|---|---|---|
| 审核 | 吴萍 | 吴萍 | 校对 | 袁洋 | 袁洋 | 设计 | 刘正红 | 刘正红 | |

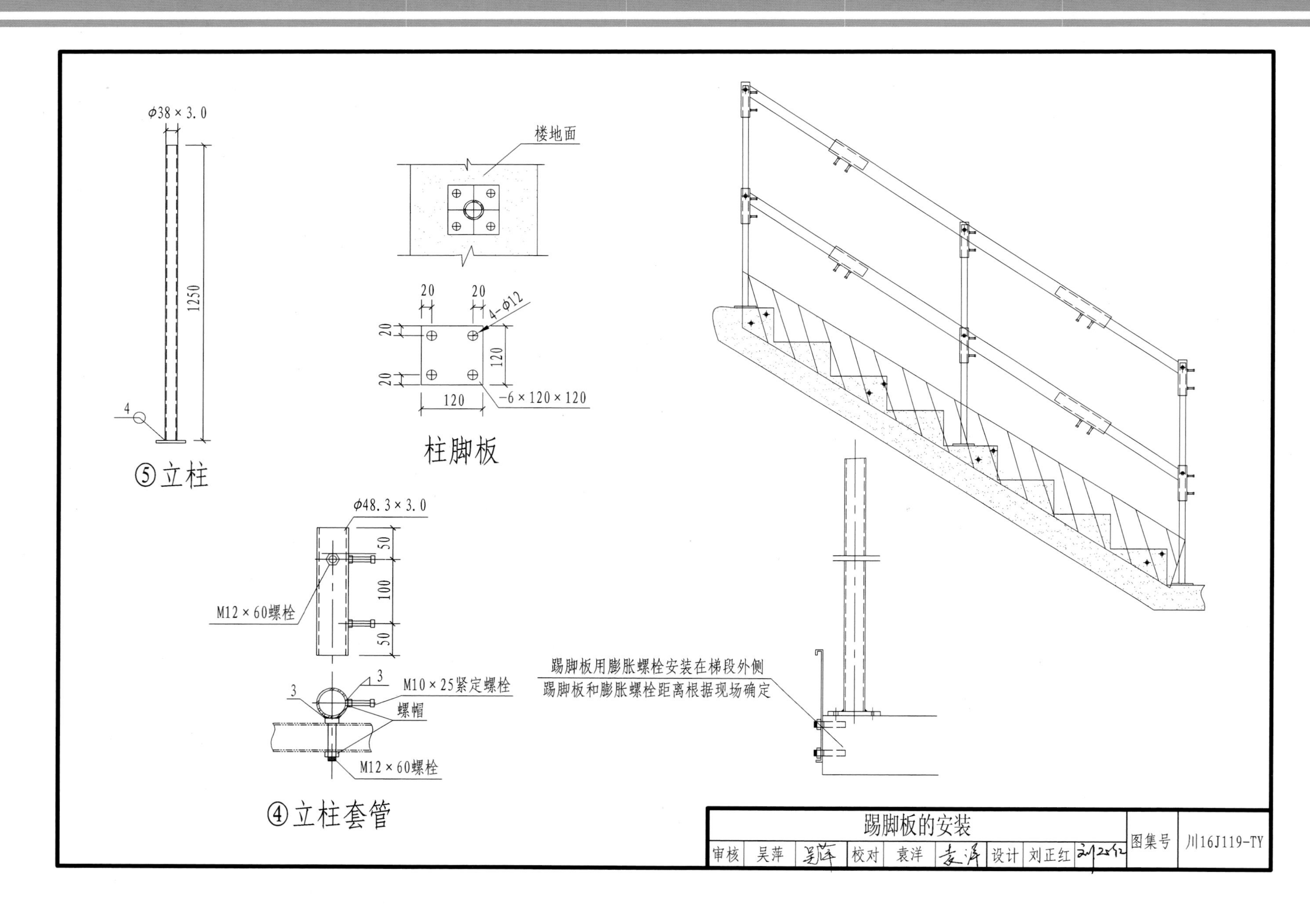


| 踢脚板的安装 | | | | | | | | 图集号 | 川16J119-TY |
|---|---|---|---|---|---|---|---|---|---|
| 审核 | 吴萍 | 吴萍 | 校对 | 袁洋 | 袁洋 | 设计 | 刘正红 | 刘正红 | |

## 3. 楼层、阳台临边

**【适用范围】**

适用于阳台临边、楼层临边安全防护。

**【制作安装】**

### 方法一

（1）楼层临边及阳台平台临边处搭设 1200 mm 高防护栏杆和踢脚板。

（2）防护栏杆由 ϕ48.3 壁厚不小于 3.0 mm 钢管及 ϕ38×3.0 钢管组合而成，上杆离地高度为 1200 mm，下杆离地高度为 600 mm，横杆长度大于 1500 mm 时，必须加设立柱，防护栏杆横杆长度可调整，具有通用性。

（3）防护栏杆的安装是通过立柱用 M10×100 钢膨胀螺栓固定在混凝土楼面上，其余杆件均采用螺栓连接或紧固。

（4）栏杆下设 200 mm 高踢脚板，踢脚板用钢板或竹胶板制作，用螺栓固定在栏杆立柱上。

（5）栏杆钢管表面涂刷红白油漆，红白漆间距为 400 mm，踢脚板按 45° 斜向间距 120 mm 涂刷黑黄警示色漆。

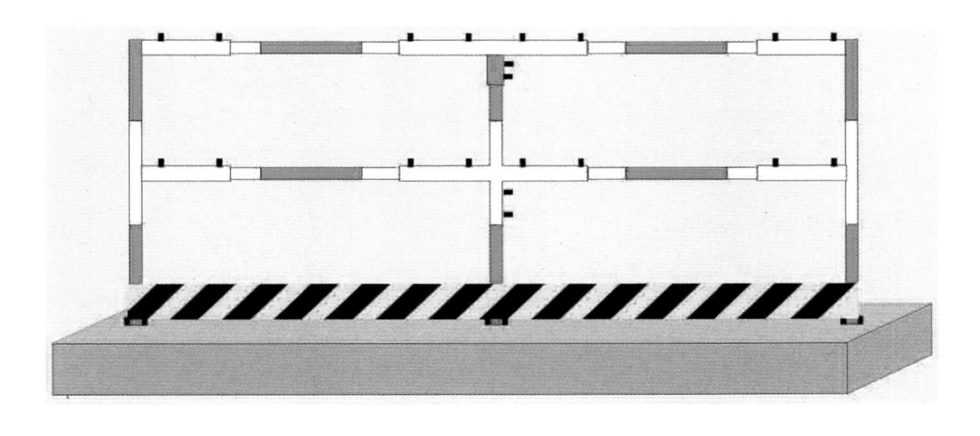

临边防护栏杆效果图

**方法二**

（1）用 $\phi$60×3.0 钢管制作柱脚套管、横杆套管、立柱套管、带转角的立柱套管等标准连接件，其余横杆、立柱采用 $\phi$48.3×3.0 钢管现场加工。

（2）安装时，柱脚套管用 4 只 M10×100 膨胀螺栓固定在混凝土面，立柱采用长度为 1250 mm 的 $\phi$48.3×3.0 钢管插入套管中，紧固套管上的紧定螺栓。

（3）其余构件的安装方式同方法一。

临边防护栏杆效果图

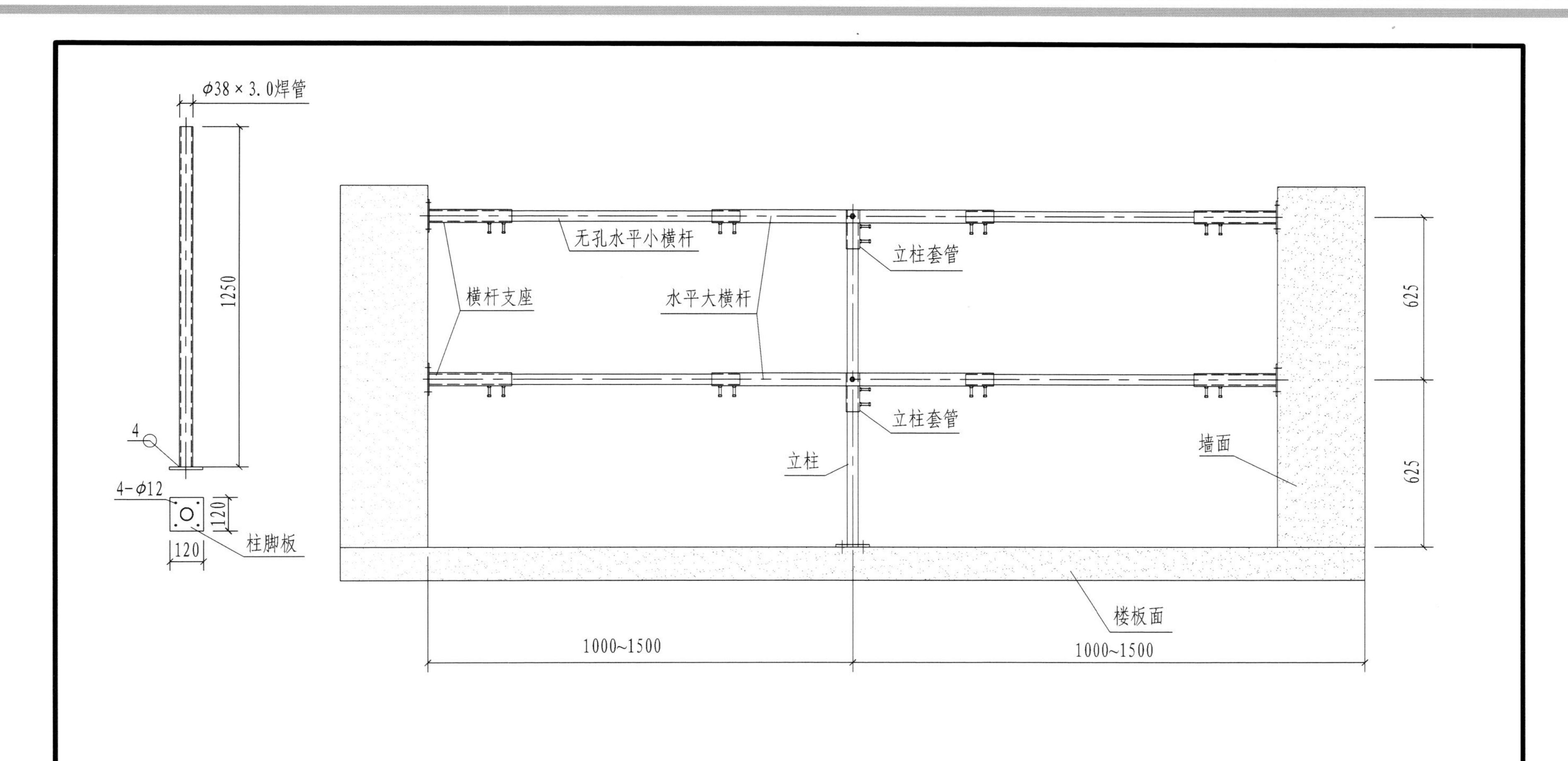


| 安装范围: | |
|---|---|
| 临边宽度(m) | 立杆数(件) |
| 2~3 | 1 |
| 3.1~4.5 | 2 |
| 4.0~6 | 3 |
| 5~7.5 | 4 |
| 6~9 | 5 |
| 1~2 | |

临边防护栏杆说明:

1. 本图例标注尺寸以mm为单位。
2. 中立柱必须用4根M10×100钢膨胀螺栓固定,根据施工条件，两根中立柱之间距离不大于1.5m。
3. 未注明的焊缝尺寸均为4mm。
4. 抗水平冲击力大于1kN。
5. 外观颜色油漆成红白相间。

| 临边防护栏杆 | | | | | | | | 图集号 | 川16J119-TY |
|---|---|---|---|---|---|---|---|---|---|
| 审核 | 吴萍 | 吴萍 | 校对 | 袁洋 | 袁洋 | 设计 | 刘正红 | 刘正红 | |

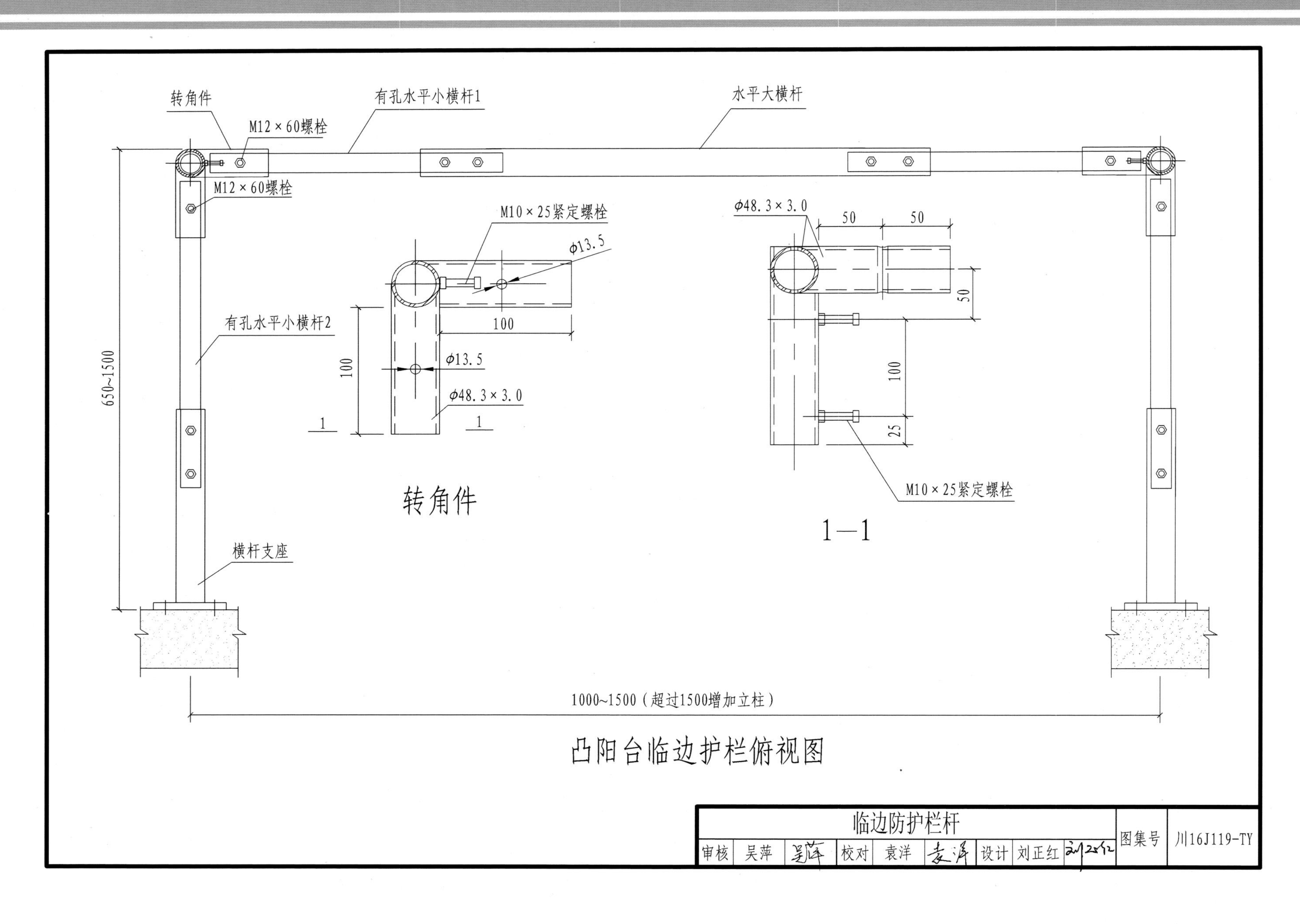
转角件
M12×60螺栓
有孔水平小横杆1
水平大横杆
M12×60螺栓
M10×25紧定螺栓
φ13.5
100
φ13.5
100
φ48.3×3.0
1
1
有孔水平小横杆2
650~1500
φ48.3×3.0
50
50
50
100
25
M10×25紧定螺栓
转角件
1—1
横杆支座
1000~1500（超过1500增加立柱）
凸阳台临边护栏俯视图
临边防护栏杆
图集号
川16J119-TY
审核
吴萍
校对
袁洋
设计
刘正红

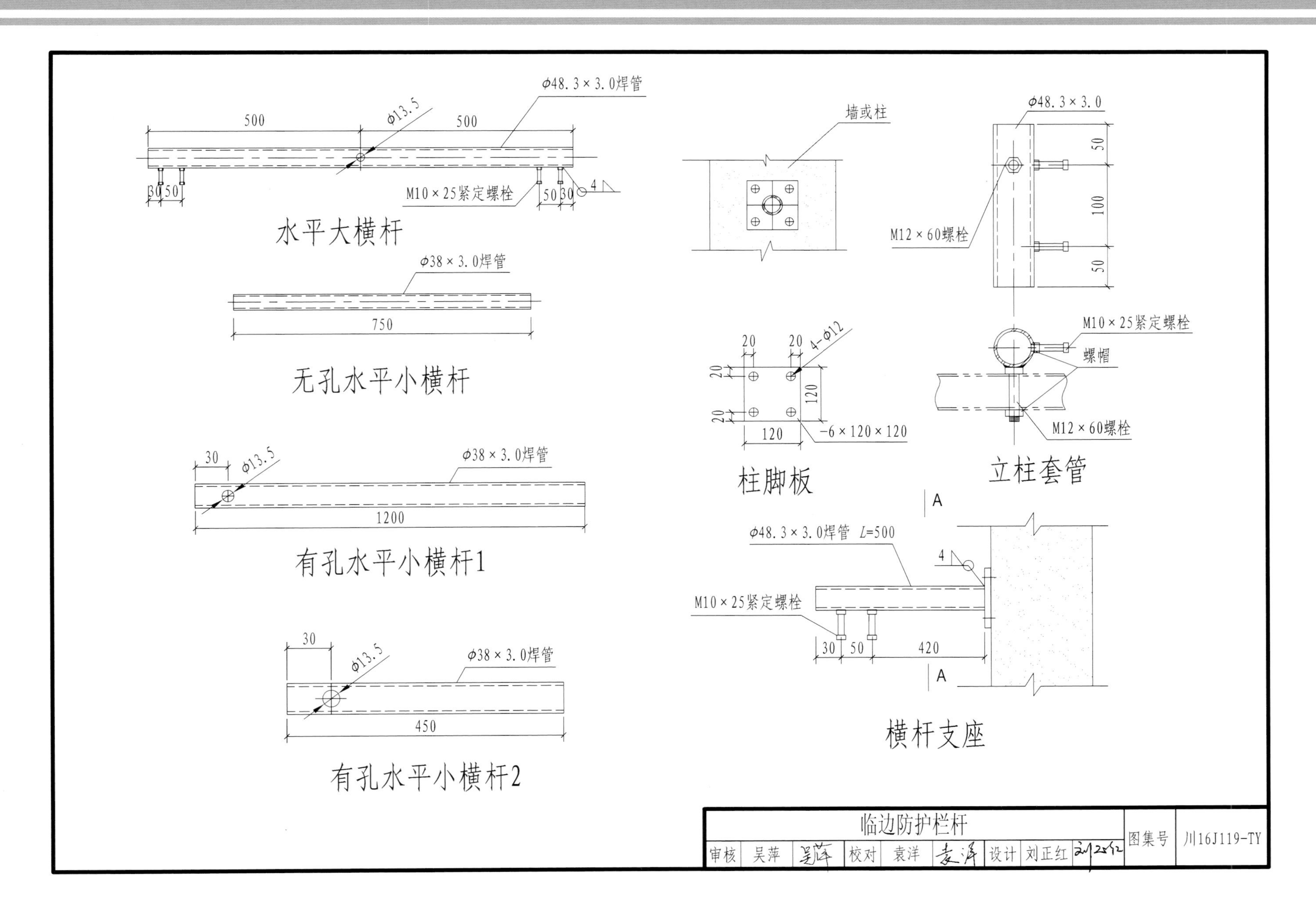


| 临边防护栏杆 | | | | | | | 图集号 | 川16J119-TY |
|---|---|---|---|---|---|---|---|---|
| 审核 | 吴萍 | 吴萍 | 校对 | 袁洋 | 袁洋 | 设计 | 刘正红 | 刘正红 |

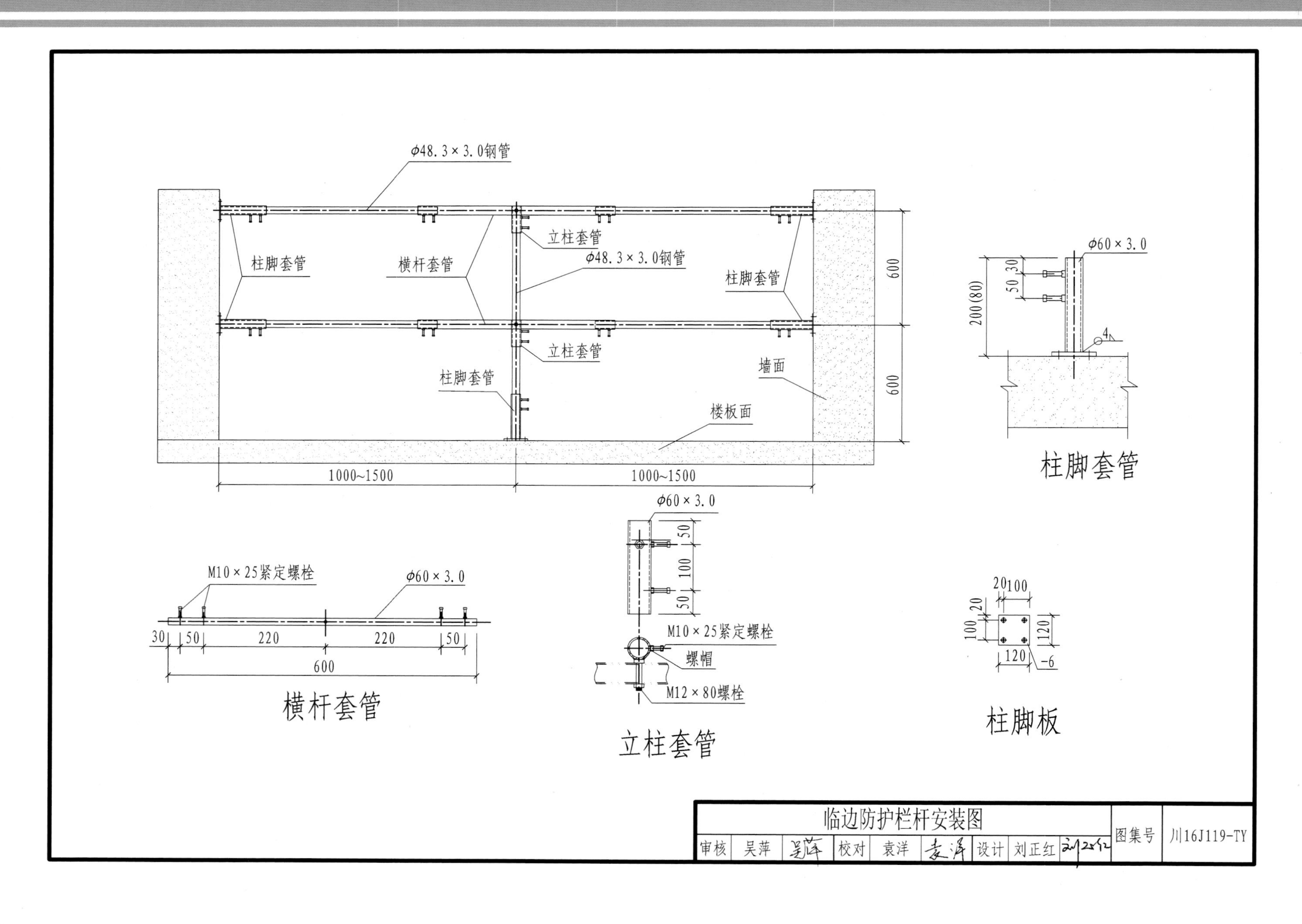

Φ48.3×3.0钢管
柱脚套管
横杆套管
立柱套管
Φ48.3×3.0钢管
柱脚套管
立柱套管
柱脚套管
墙面
楼板面
600
600
1000~1500
1000~1500
Φ60×3.0
30
50
200(80)
4
柱脚套管
Φ60×3.0
50
100
50
M10×25紧定螺栓
螺帽
M12×80螺栓
立柱套管
M10×25紧定螺栓
Φ60×3.0
30
50
220
220
50
600
横杆套管
20
100
20
100
120
120
-6
柱脚板
临边防护栏杆安装图
图集号
川16J119-TY
审核
吴萍
校对
袁洋
设计
刘正红

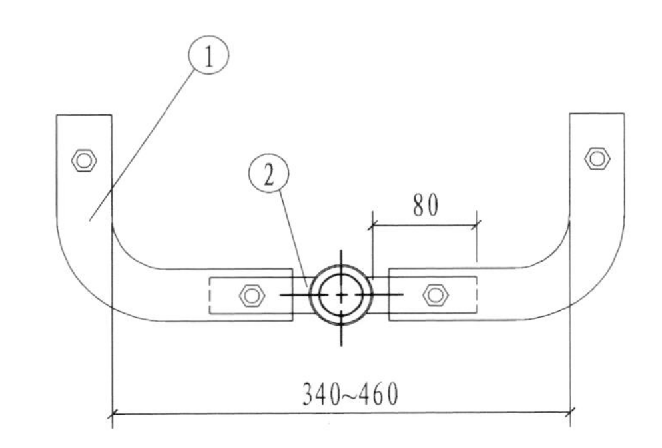


楼梯转角连接件

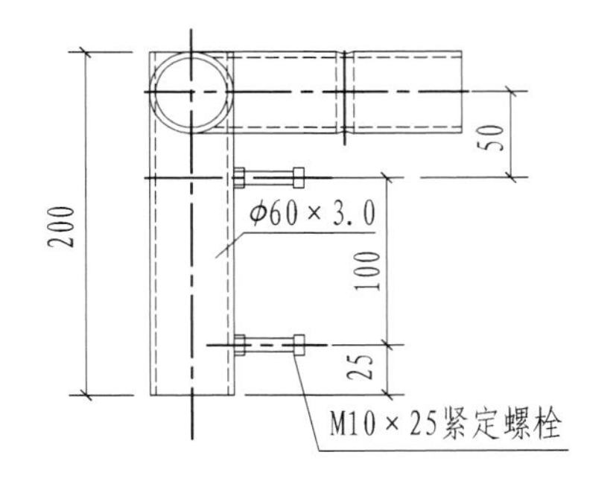


200
80
30
30
200
Φ60×3.0
80

①

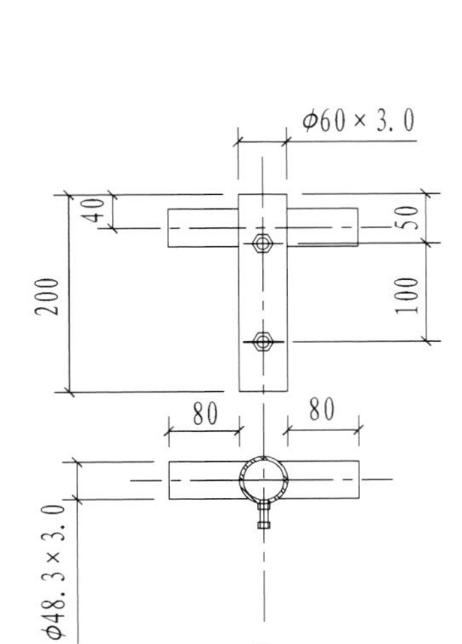


②

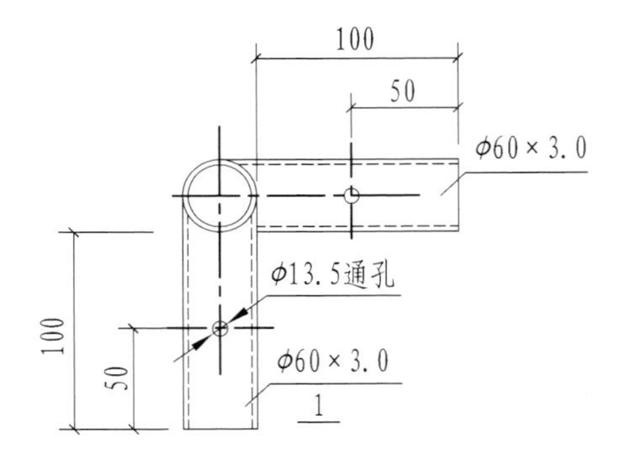


带转直角的立柱套管

| 临边防护栏杆连接件图 | | | | | | | | | 图集号 | 川16J119-TY |
|---|---|---|---|---|---|---|---|---|---|---|
| 审核 | 吴萍 | 吴萍 | 校对 | 袁洋 | 袁洋 | 设计 | 刘正红 | 刘正红 | | |

# 洞口防护

## 洞口防护系列

## 二、洞口防护

【编制依据】

《建筑施工高处作业安全技术规范》(JGJ80–2016)第 4.2.1、4.2.2 条及《四川省建筑工程现场安全文明施工标准化技术规程》(DBJ51/T036–2015)第 7.4.1 条。

### 1. 桩（井）口

【适用范围】

适用于桩（井）口的安全防护。

【制作安装】

桩（井）开挖深度超过 2000 mm 时，桩（井）口设置盖板进行覆盖。盖板四周采用∟ 30×30×3 角钢，中间用 $\phi$16 钢筋，间距 150 mm 焊接成盖板，盖板尺寸大于桩（井）口 300 mm。

桩（井）口在施工过程中洞口周边应设置栏杆防护。

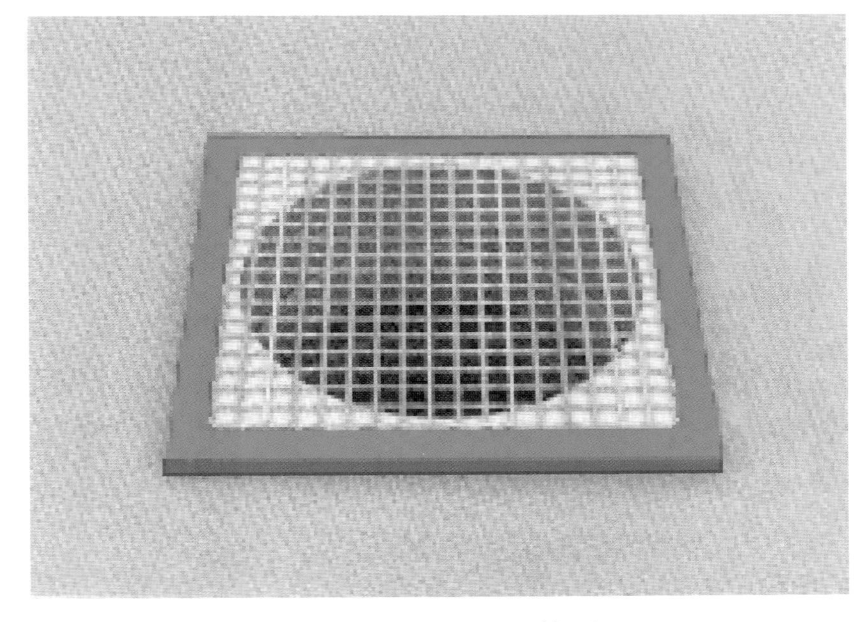

成孔后或混凝土浇筑后

## 2. 水平洞口

【适用范围】

适用于水平洞口的安全防护。

### 1）短边尺寸小于 1500mm 的洞口

【制作安装】

方法一

（1）采用 $\phi$6.5 钢筋，间距 150 mm 单层双向钢筋作为防护网，锚固长度不小于 300 mm，在混凝土浇筑前预设于模板内。

（2）模板拆除后，在洞口上采用硬质材料封闭，并用铁丝绑扎在预留钢筋网上。

（3）当洞口安装管线时，可以切割相应尺寸的钢筋网片，预留部分作为安装阶段的防护措施。

方法二

（1）根据洞口尺寸大小，锯出相当长度的木方卡固在洞口内，木方应牢固、可靠，然后将硬质盖板用铁钉钉在木方上。

（2）盖板四周要求顺直，盖板上涂刷黄黑警示色油漆。

混凝土浇筑前

模板拆除后

管道安装时

硬质盖板

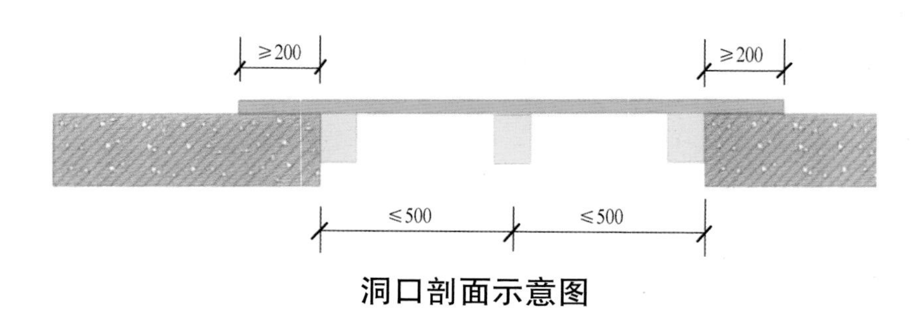

洞口剖面示意图

## 2）短边尺寸大于 1500 mm 的洞口

**【制作安装】**

（1）洞口四周搭设工具式防护栏杆，洞口处根据洞口的大小，铺设木板、钢丝网、安全网等。

（2）防护栏杆高度 1200 mm，采取双道栏杆形式，上道栏杆离地面 1200 mm，下道栏杆离地面 600 mm，栏杆表面刷红白油漆，红白漆间距 400 mm，底部四周设 200 mm 高踢脚板，刷红白警示色油漆。

（3）防护栏杆距离洞口边不得小于 200 mm；在栏杆外侧张挂“当心坠落”安全警示标志牌。

（4）当洞口采用硬防护时，根据洞口尺寸大小，铺装可靠的支撑系统后按间距不大于 200 mm 铺设木方，然后将硬质盖板用铁钉钉在木方上，作为硬质防护，盖板刷红白警示色油漆。

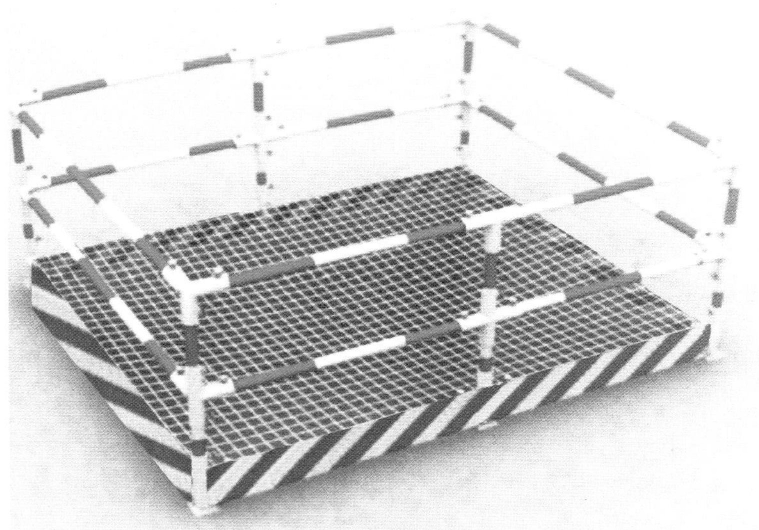

洞口防护效果图

## 3. 电梯井口

**【适用范围】**

适用于建筑施工现场建筑物内电梯井口的防护。

**【制作安装】**

### 方法一

（1）采用上半部分固定，下半部分可翻转的钢制栏板门防护。

（2）栏板门高 1800 mm，宽度根据电梯洞口尺寸确定，由 $\phi$10 钢筋与∟ 30×3 角钢组焊而成，中间满铺 3 mm 厚钢板网，防护门底部设 1.5 mm 厚、200 mm 高钢板踢脚板。

（3）防护门由上、下两部分组成，上半部分用 M10×100 钢膨胀螺栓固定在墙体，下半部分通过挂件、销轴挂在墙体上，底部设置挂锁，锁固在墙体上，在需要时可开锁将下半部分整体向上翻转。

（4）防护门表面涂刷红白警示色漆，红白漆间距为 400 mm，踢脚板涂刷黑黄（红白）警示色漆。

（5）在防护门外侧张挂“当心坠落”安全警示标志牌，上部可设置警示灯。

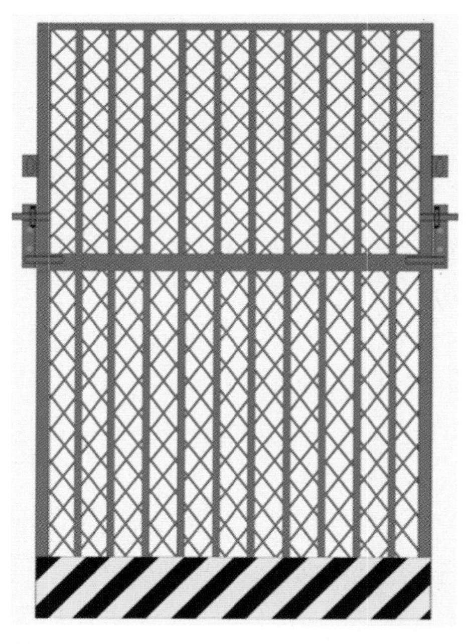

电梯井口防护门效果图

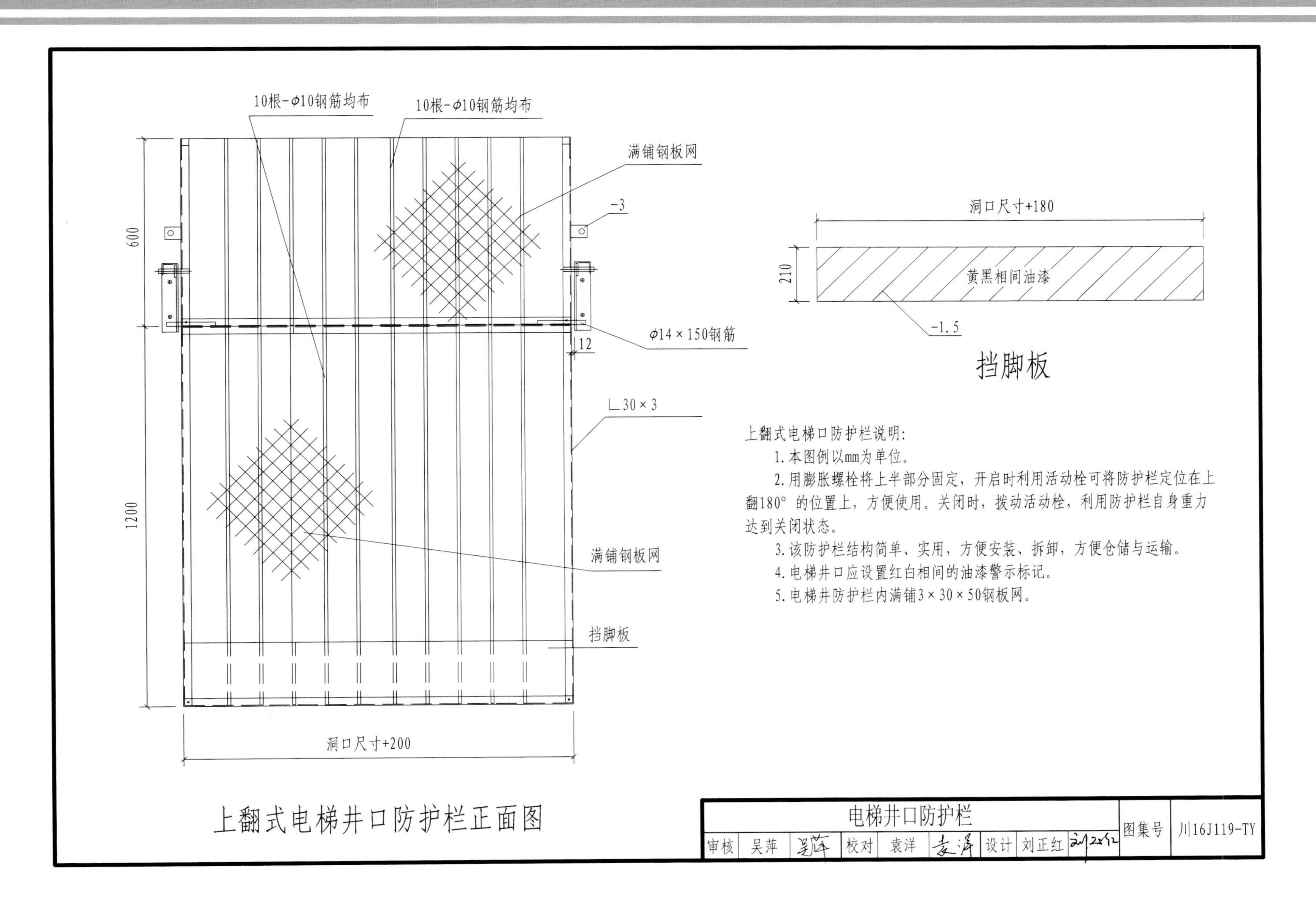


上翻式电梯口防护栏说明：

1. 本图例以mm为单位。
2. 用膨胀螺栓将上半部分固定，开启时利用活动栓可将防护栏定位在上翻180° 的位置上，方便使用。关闭时，拨动活动栓，利用防护栏自身重力达到关闭状态。
3. 该防护栏结构简单、实用，方便安装、拆卸，方便仓储与运输。
4. 电梯井口应设置红白相间的油漆警示标记。
5. 电梯井防护栏内满铺3×30×50钢板网。

**方法二**

（1）采用钢丝网板制作整体式的洞口防护门。

（2）防护门高 1800 mm，宽度根据洞口尺寸确定，由□ 30×1.0 矩管框架满铺钢丝网焊接而成，中间部分 200 mm 宽铺 1.5 mm 厚钢板，防护门底部设 1.5 mm 厚、200 mm 高钢板踢脚板。

（3）防护门可以用 M10×100 钢膨胀螺栓固定在电梯井口外墙壁，也可以采用上部用固定挂件，下部用膨胀螺栓的安装方法，这样防护门在需要时可向上翻转。

（4）防护门表面涂刷红色油漆，踢脚板涂刷黑黄（红白）警示色漆。

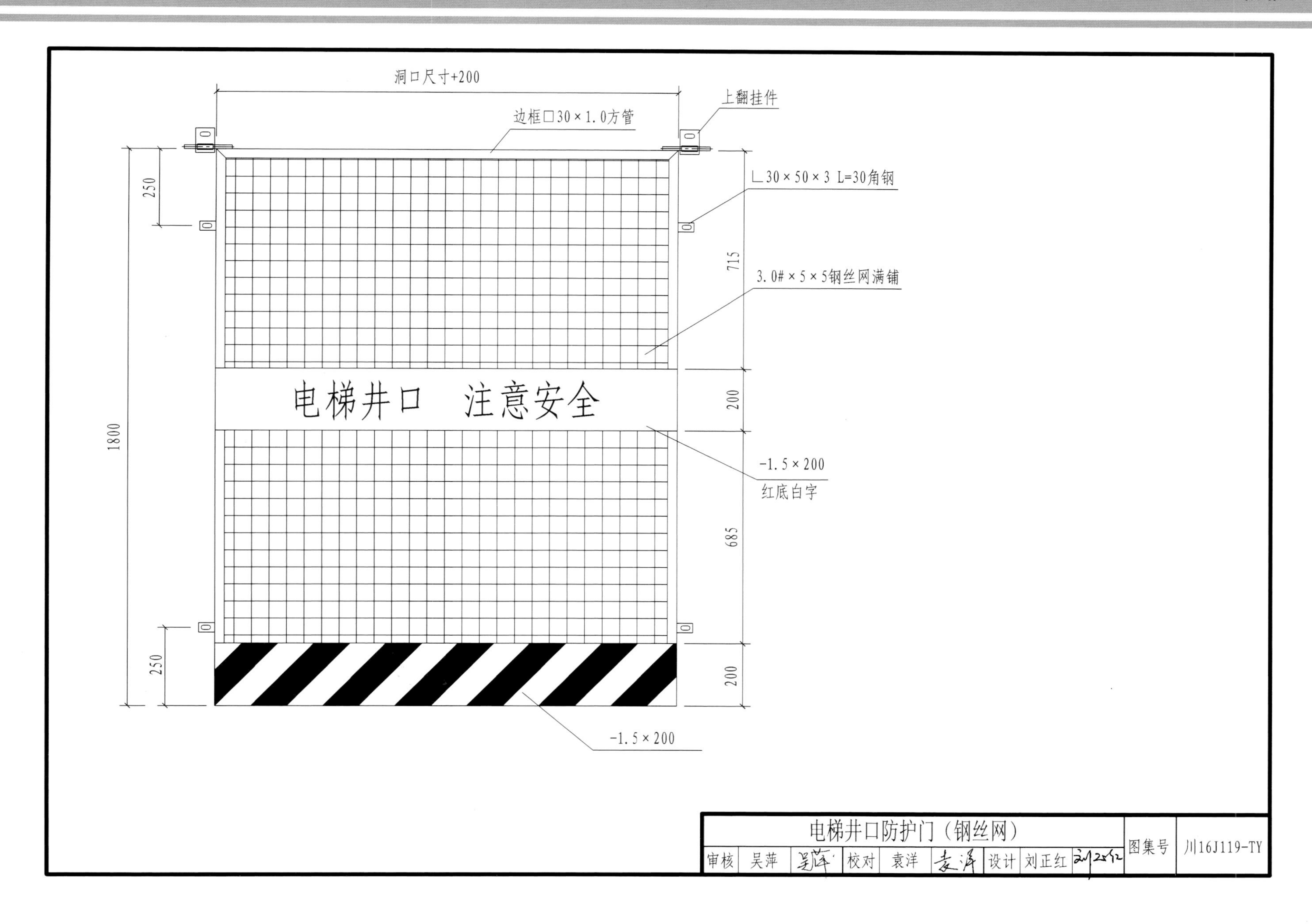


| 电梯井口防护门（钢丝网） | | | | | | | | 图集号 | 川16J119-TY |
|---|---|---|---|---|---|---|---|---|---|
| 审核 | 吴萍 | 吴萍 | 校对 | 袁洋 | 袁洋 | 设计 | 刘正红 | 刘正红 | |

# 施工电梯楼层门

## 施工电梯楼层门系列

## 三、 施工电梯楼层门

**【编制依据】**

《建筑施工高处作业安全技术规范》（JGJ80–2016）第 4.1.5 条及《四川省建筑工程现场安全文明施工标准化技术规程》（DBJ51/T036–2015）第 7.4.1 条。

**【适用范围】**

适用于施工电梯进入楼层的防护。

**【制作安装】**

### 方法一

（1） 施工电梯通往楼层处设一道安全防护门，面向施工电梯一面设有门栓，只有电梯到达楼层后，由电梯里的人员开门进出楼层，楼层里的人员不能开门，起到安全防护作用。

（2）采用钢结构制作防护门，防护门为高 1800 mm、宽 1380 mm 的对开门，由□ 25×2.0 方管及□ 20×2.0 方管组合而成，从底部到 1400 mm 高部位铺 1.0 mm 钢板，门框上焊 $\phi25$ 铰链，铰链的另一半焊接在一节 $\phi48.3\times3.0$ 短钢管上。

（3）安装时将焊有铰链的短钢管与操作架架管用扣件连接，门扇通过铰链安装。安装好防护门后应将周边用竹胶板进行全封闭。建议设置施工电梯与楼层门的联动装置。

（4）在防护门上涂刷“注意安全 随手关门”安全警示标志，以及楼层标识，还可涂刷企业文化识别标识等。

施工电梯楼层门效果图

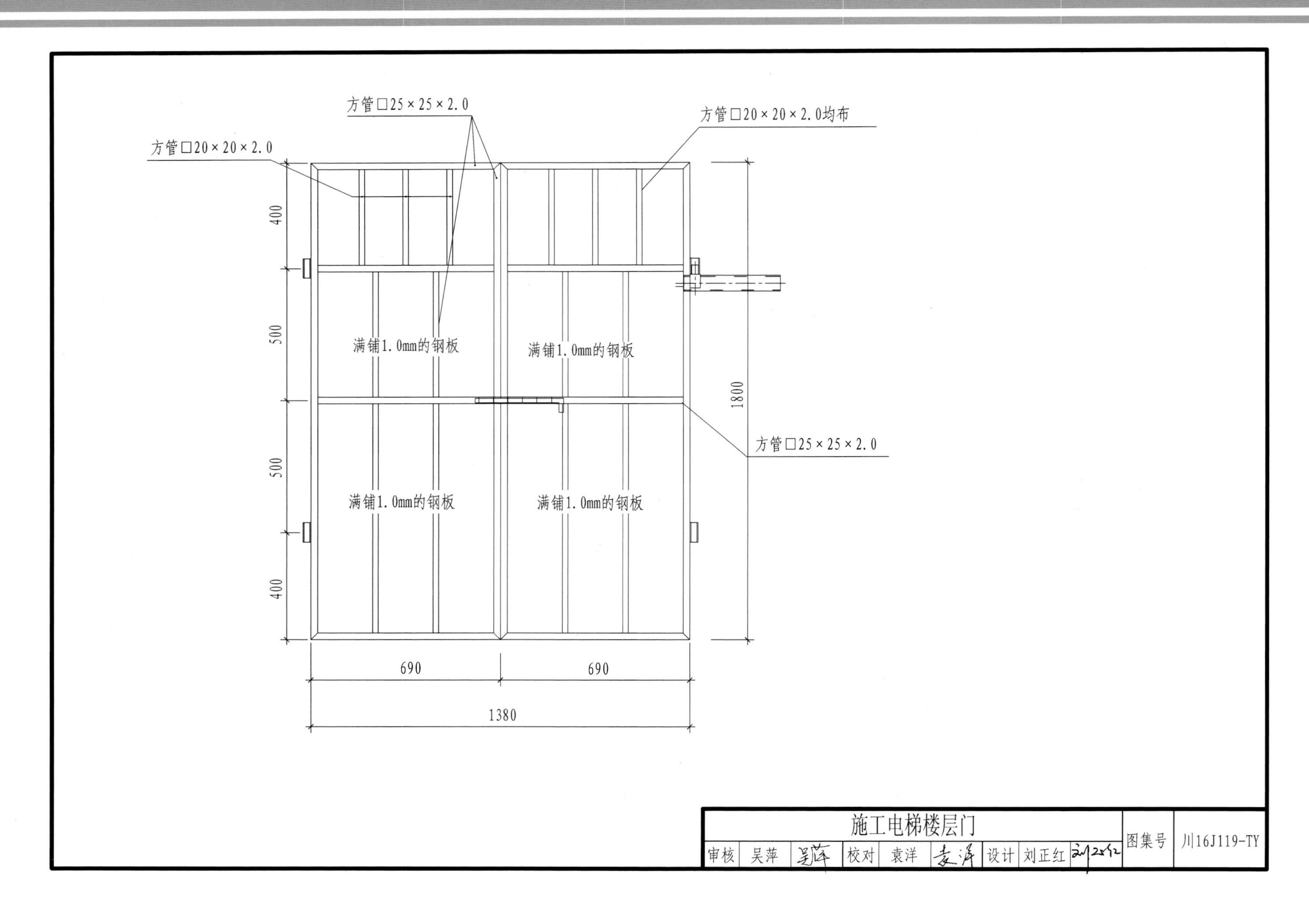


| 施工电梯楼层门 | | | | | | | | 图集号 | 川16J119-TY |
|---|---|---|---|---|---|---|---|---|---|
| 审核 | 吴萍 | 吴萍 | 校对 | 袁洋 | 袁洋 | 设计 | 刘正红 | 刘正红 | |

## 方法二

（1） 采用□ 30×2.5 方管边框，1.5 mm 厚钢板折边焊接在方管框上，高 1800 mm、宽 1380 mm 对开门，上半部分设置观察孔。

（2）门框设置挂钩，安装时，外架钢管上焊接挂钩套，将门安装在外脚手架上，防护门四周用竹胶板封闭。

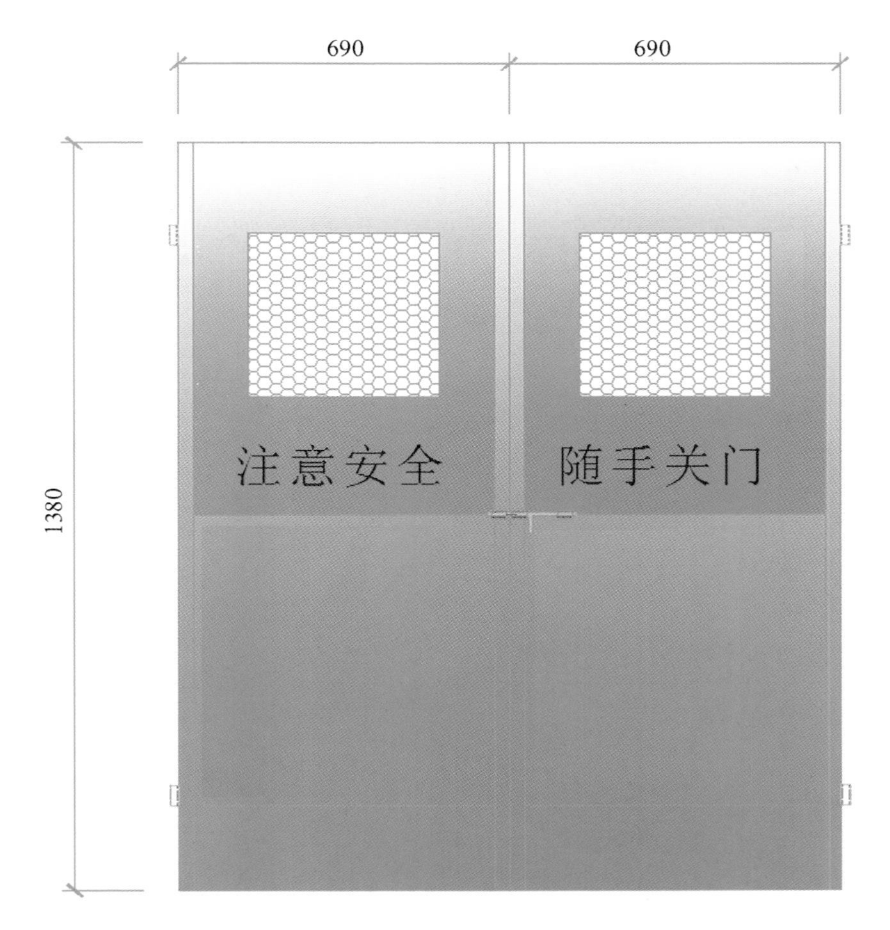


钢板折边电梯楼层门效果图

# 工作棚

## 工作棚系列

# 四、 工作棚

【编制依据】

《建筑施工高处作业安全技术规范》（JGJ80–2016）第 7.0.1 条及《四川省建筑工程现场安全文明施工标准化技术规程》（DBJ51/T036–2015）第 7.2 节。

## 1. 钢桁架工作棚

【适用范围】

适用于建筑施工现场加工等防护棚。

【制作安装】

（1）用轻钢制作高 3600 mm、宽 6000 mm、长 5000 mm 级配，可加长到 10 000 mm、15 000 mm、20 000 mm 等规格的工作棚，可防雨，防高空坠物。

（2）防砸棚结构由立柱、屋架、桁架、支撑组成，屋架上铺彩钢板防雨，桁架上铺木板防砸。

（3）立柱通过柱脚板、M12×100 地脚螺栓固定在地基上，基本风压为 $\omega_0$=0.3 kN/m²，地基承载能力大于 120 kPa，顶部恒载荷不大于 0.4 kN/m²。

（4）工作棚立柱采用□ 100×100×4 方管，屋架、桁架均采用∟ 50×4 和∟ 40×3 组合焊接而成，屋架、桁架与立柱之间的连接采用螺栓连接。屋架与桁架形成双层结构，间距 100 mm，用于铺设 50 mm 厚木板。

（5）防护板放置方法：采用 50 mm 木板作双层防护，在桁架上弦顶面用 M10 螺栓固定 80×80 方木，再将防护板牢固地固定在方木上，坡屋面铺木板后再铺彩钢板。

（6）工作棚顶设防护围栏，围栏高度 1200 mm，采用□ 30×2.5 方管组焊为片式用螺栓与工作棚连接。

（7）安装完毕，验收合格后才能使用。

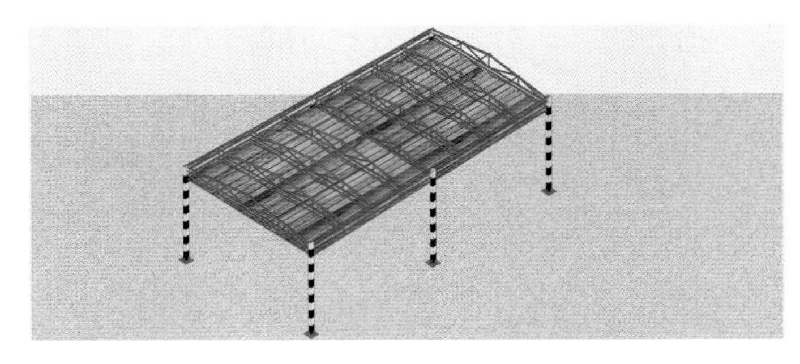

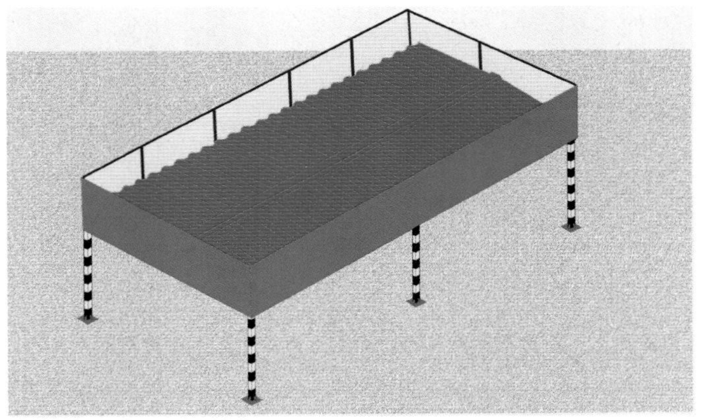

钢桁架工作棚安装效果图

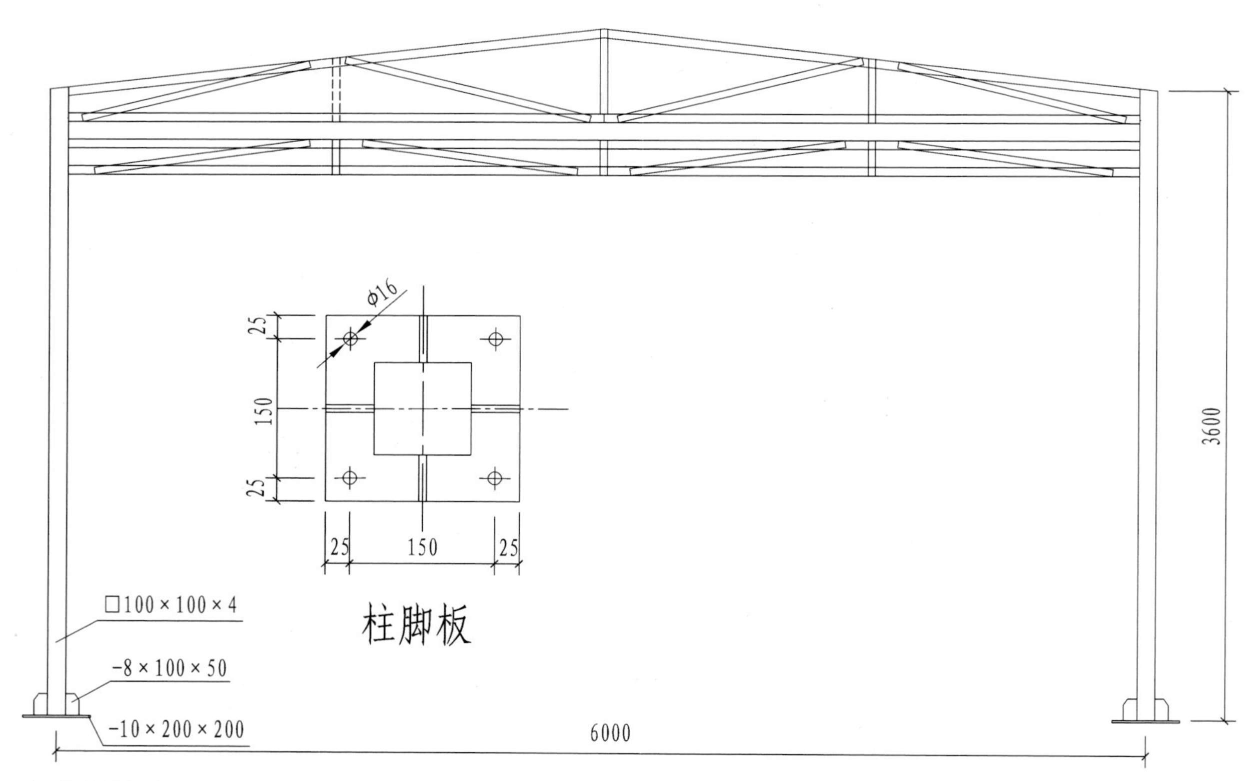


钢筋、木工加工棚安装使用说明：

1. 本图例标注尺寸以mm为单位,未注明孔均为$\phi$12。
2. 搭设场地必须采用不低于C20、厚度不小于20cm的混凝土进行硬化。
3. 适用条件：基本风压为$\omega_0$=0.3kN/m²，地基承载能力大于120kPa，顶部恒载荷不大于0.4kN/m²。标准跨度为6m，长度方向为5m的标准长度，可加长到10m、15m、20m等规格。
4. 立柱通过法兰盘与4根M12×100地脚螺栓连接。
5. 防护板放置方法：采用50mm木板作单层防护时，在桁架D片、C片和B片上弦顶面用M10螺栓固定80×80方木，再将50mm木板牢固地固定在方木上。若需采用双层防护时，分别在桁架D片、C片和B片上、下弦顶面用M10螺栓固定80×80方木，再将防护板牢固地固定在方木上。顶层木板需作防水处理。
6. 安装完毕，验收合格后才能使用。

| 钢桁架工作棚 | | | | | | | | 图集号 | 川16J119-TY |
|---|---|---|---|---|---|---|---|---|---|
| 审核 | 吴萍 | 吴萍 | 校对 | 袁洋 | 袁洋 | 设计 | 刘正红 | 刘正红 | |

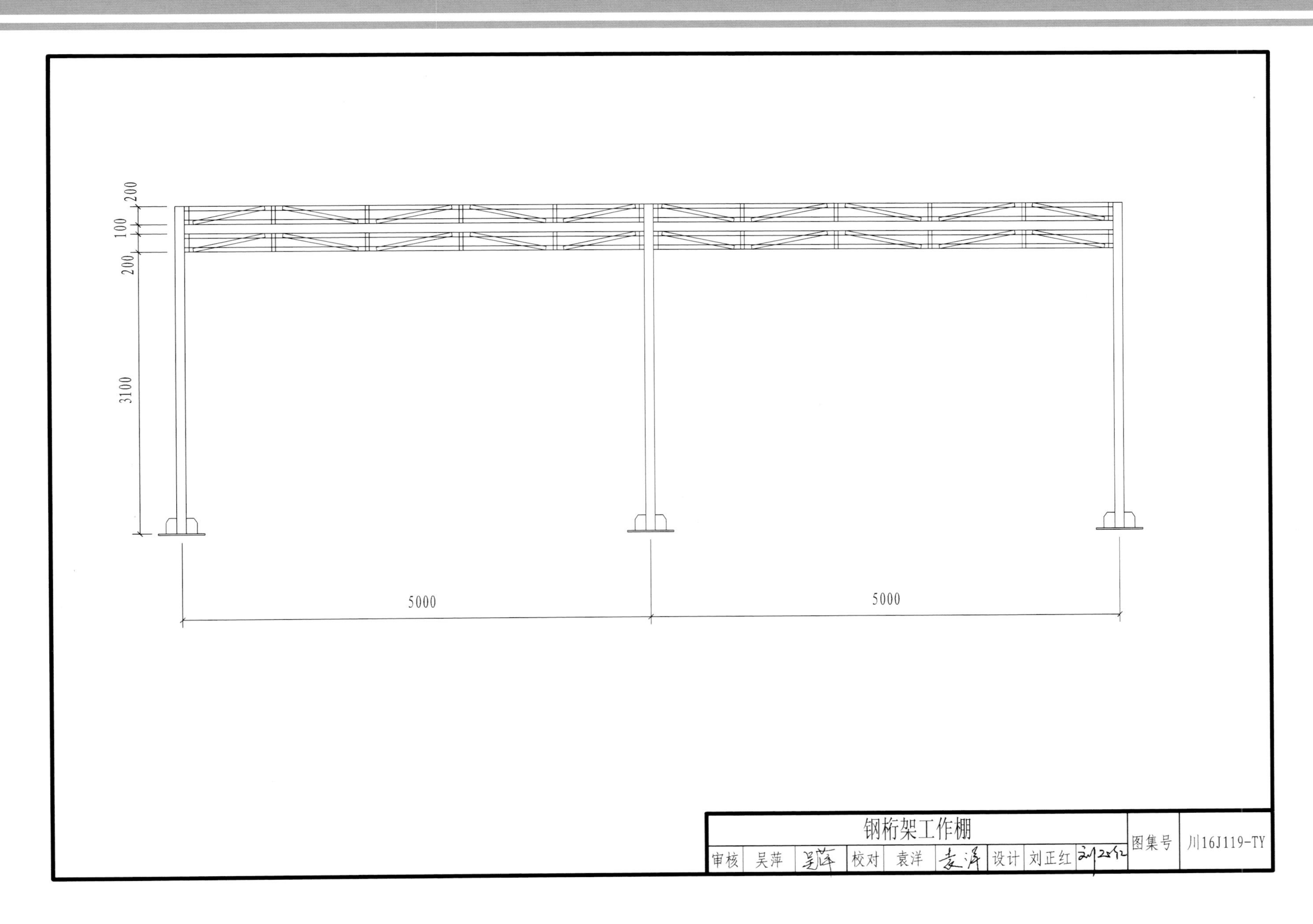
200
100
200
3100
5000
5000
钢桁架工作棚
审核 吴萍 校对 袁洋 设计 刘正红
图集号 川16J119-TY

## 2. 独立柱工作棚

**【适用范围】**

适用于建筑施工现场钢筋加工等防护棚。

**【制作安装】**

（1）工作棚高3000 mm、长12 000 mm、宽6000 mm，可防雨，防高空坠物。

（2） 立柱为单排4根，材料为I8，每根立柱通过柱脚板由4颗 $\phi$16 的预埋锚栓固定在混凝土基础上，混凝土基础尺寸不小于1000 mm×1000 mm×1000 mm，混凝土为C30，地基承载能力大于120 kPa。安装时用螺栓和钢板调平柱脚，安装完成后用细石混凝土填塞。

（3）工作棚主钢梁I16，次梁□ 80×50×3.5均采用螺栓通过连接板连接，屋面铺设防砸木板及彩钢板防雨。

（4）工作棚屋檐以上四周设防护围栏，围栏高度1200 mm，采用□ 30×2.5方管组焊为片式用螺栓与工作棚连接。

（5）安装完毕，验收合格后才能使用。

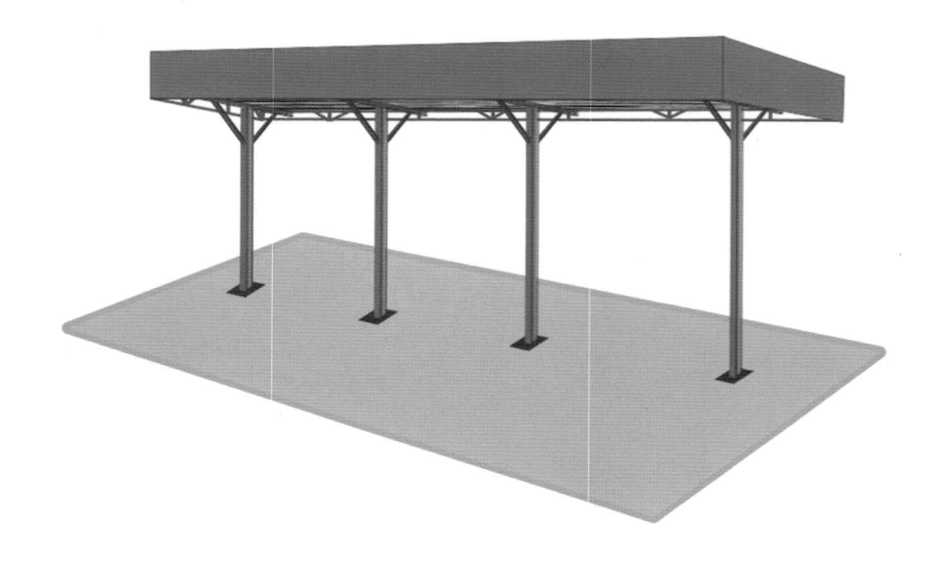

独立柱工作棚效果图

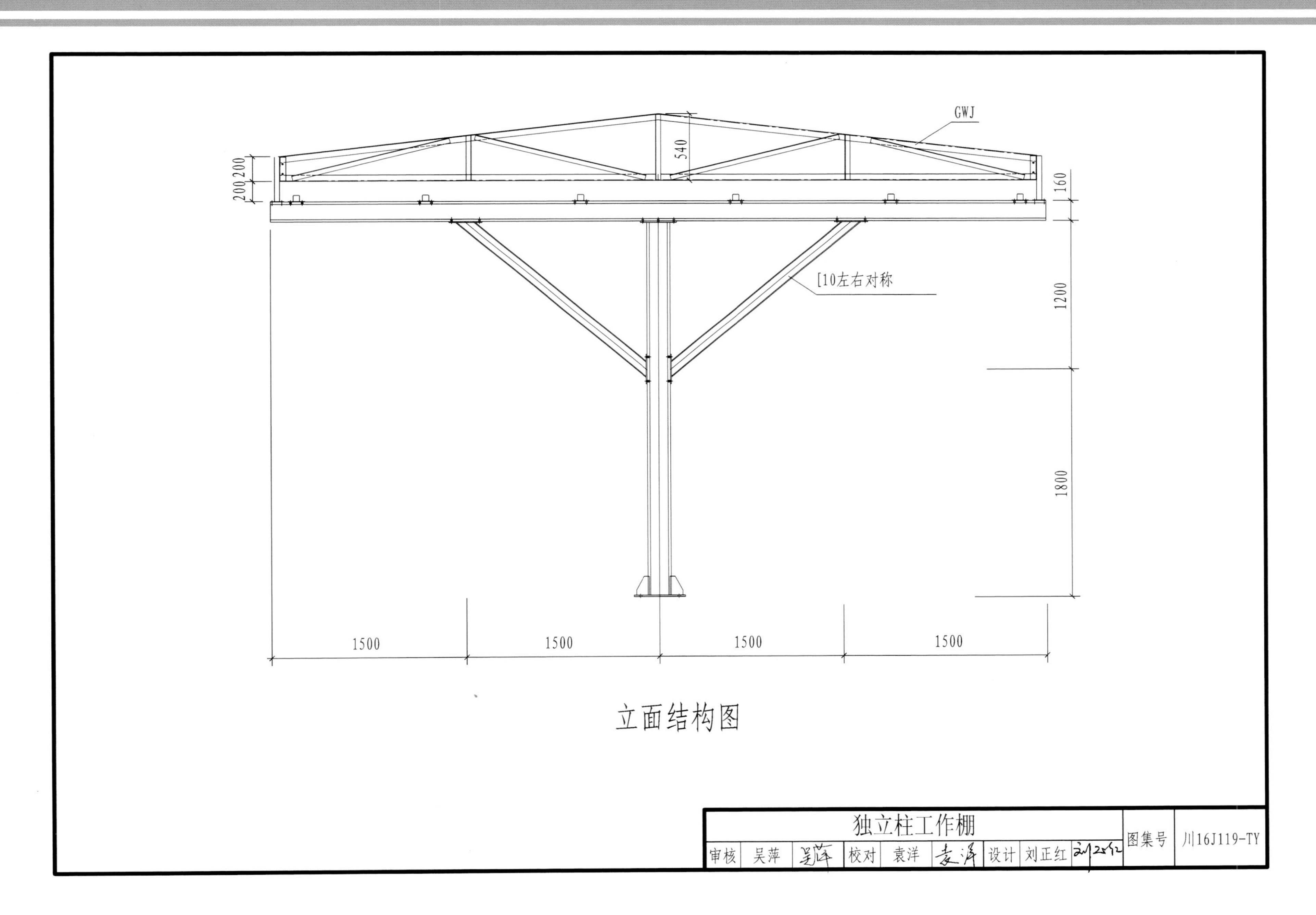


立面结构图

| 独立柱工作棚 | | | | | | | | | 图集号 | 川16J119-TY |
|---|---|---|---|---|---|---|---|---|---|---|
| 审核 | 吴萍 | 吴萍 | 校对 | 袁洋 | 袁洋 | 设计 | 刘正红 | 刘正红 | | |

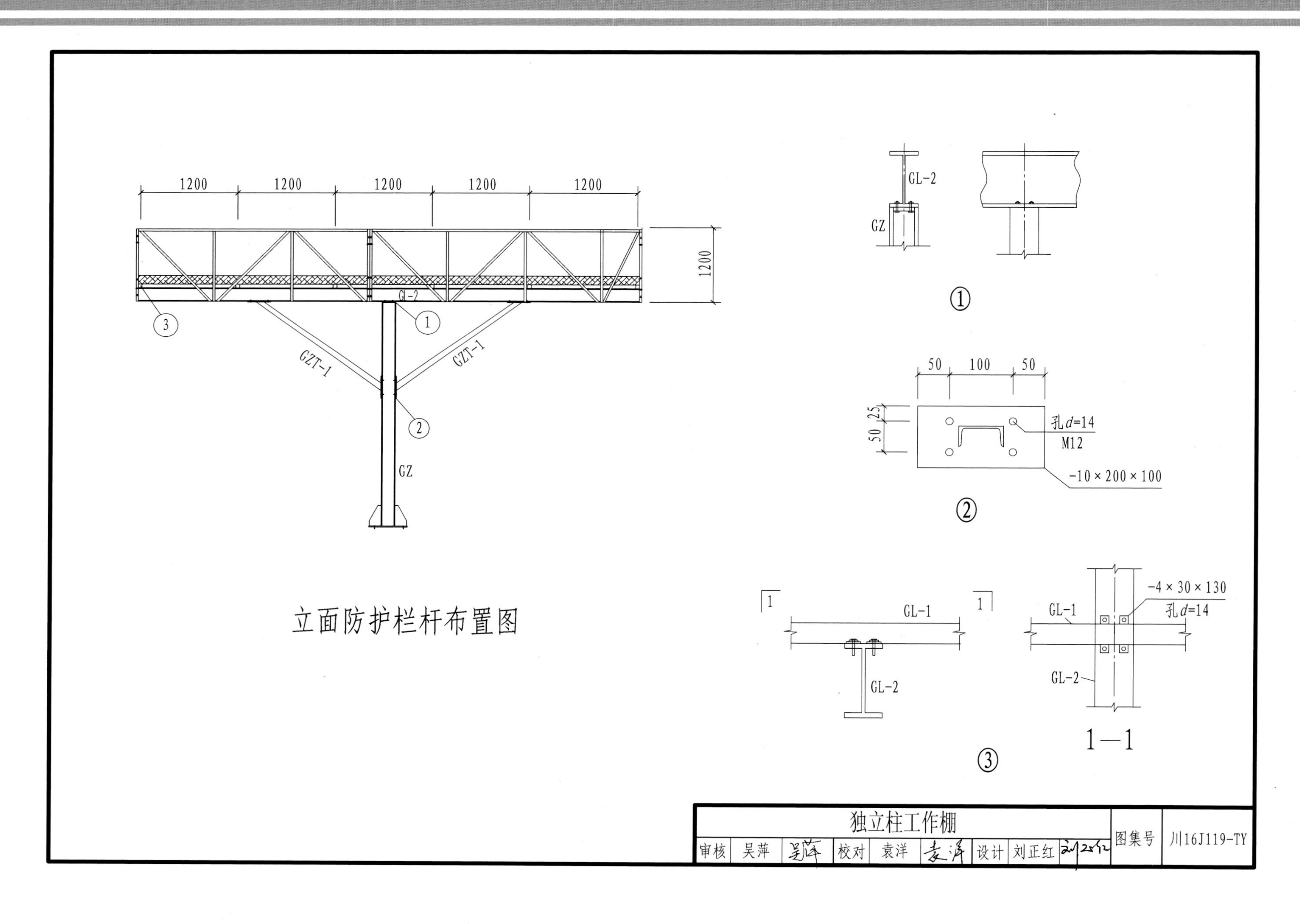
1200
1200
1200
1200
1200
1200
GL-2
3
1
GZT-1
GZT-1
2
GZ
立面防护栏杆布置图
GL-2
GZ
①
50
100
50
25
50
孔d=14
M12
−10×200×100
②
1
1
GL-1
GL-2
−4×30×130
孔d=14
GL-1
GL-2
1—1
③
独立柱工作棚
图集号
川16J119-TY
审核
吴萍
校对
袁洋
设计
刘正红

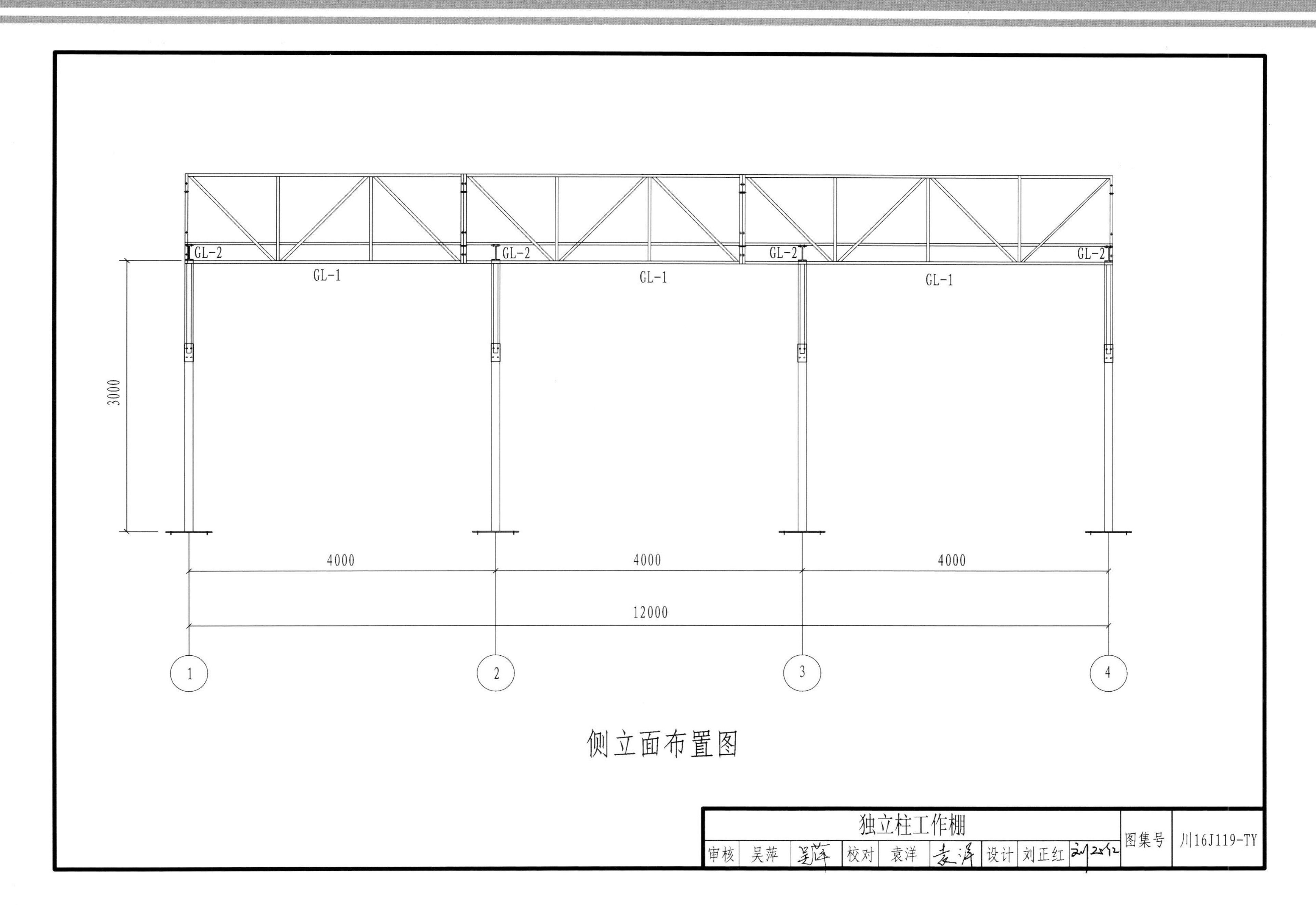
GL-2
GL-2
GL-2
GL-2
GL-1
GL-1
GL-1
3000
4000
4000
4000
12000
1
2
3
4
侧立面布置图
独立柱工作棚
审核 吴萍
校对 袁洋
设计 刘正红
图集号
川16J119-TY

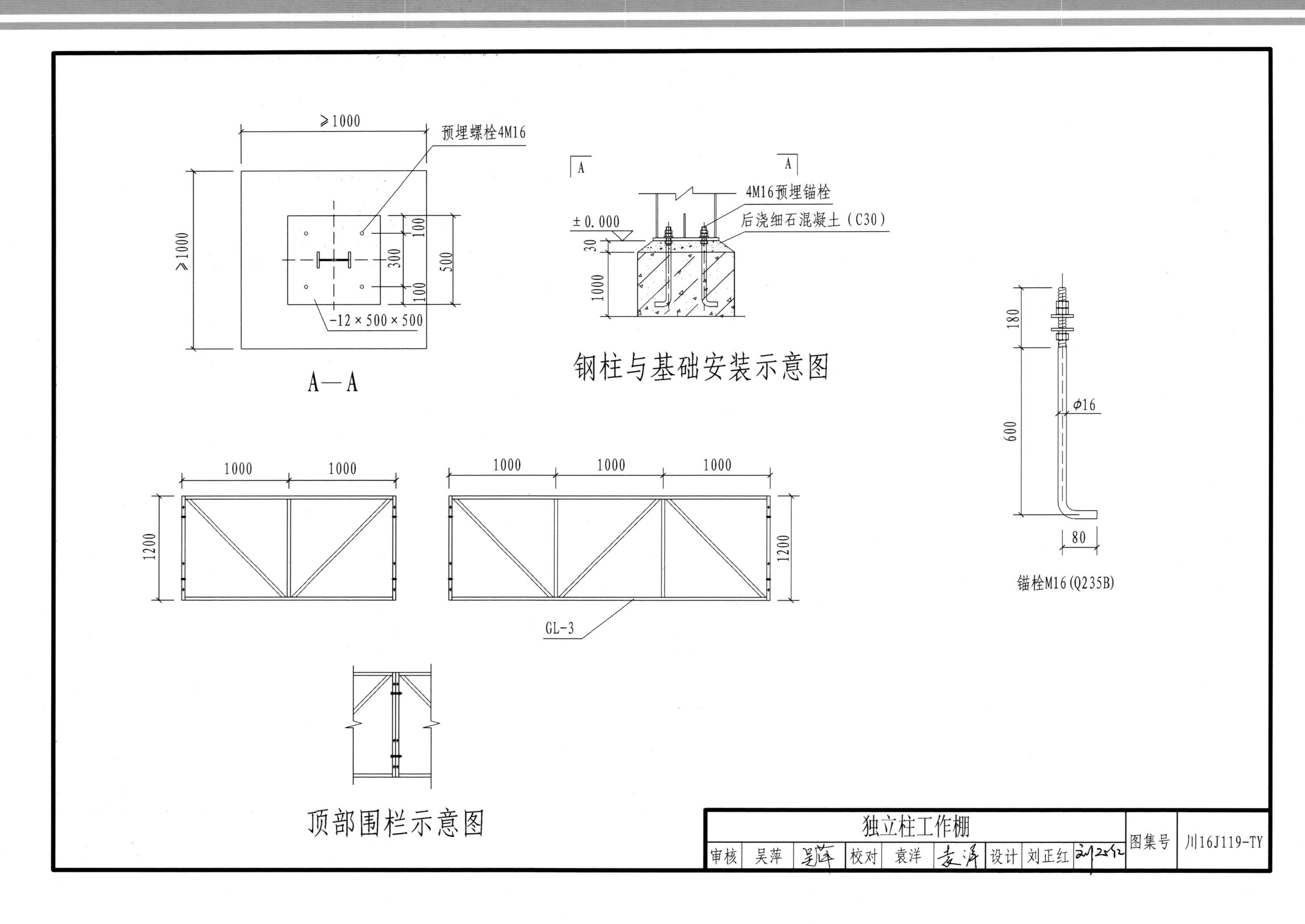

≥1000
预埋螺栓4M16
≥1000
100
300
100
500
−12×500×500
A—A
A
A
4M16预埋锚栓
±0.000
后浇细石混凝土（C30）
30
1000
钢柱与基础安装示意图
180
600
φ16
80
锚栓M16(Q235B)
1000
1000
1200
1000
1000
1000
1200
GL-3
顶部围栏示意图
独立柱工作棚
审核
吴萍
校对
袁洋
设计
刘正红
图集号
川16J119-TY

# 安全通道

## 安全通道系列

# 五、 安全通道

**【编制依据】**

《建筑施工高处作业安全技术规范》（JGJ80–2016）第 7.0.2 条及《四川省建筑工程现场安全文明施工标准化技术规程》（DBJ51/T036–2015）第 7.2 节。

## 【适用范围】

适用于建筑施工现场安全通道。

**【制作安装】**

（1）安全通道净宽 3000 mm、高 3600 mm、长度 2000 mm 级配，可加长为 4000 mm、6000 mm、8000 mm 等规格。

（2）安全通道由□ 80×4 方管立柱，∟ 70×50×5 角钢的横杆和斜撑组成，横杆上铺木板防砸。

（3）立柱通过法兰盘、M16×300 地脚锚栓固定在地基上，基本风压为 $\omega_0$=0.3 kN/m²，地基承载能力大于 120 kPa，顶部恒载荷不大于 0.4 kN/m²。横杆、斜撑与立柱采用螺栓连接。

（4）防护板放置方法：采用 50 mm 木板作双层防护，在上部横杆顶面 M10 螺栓固定 80×80 方木，再将 50 mm 木板牢固地固定在方木上，顶层木板上再铺彩钢板防水。

（5）工作棚顶部以上四周设防护围栏，围栏高度 1200 mm，采用□ 30×2.5 方管组焊为片式用螺栓与工作棚连接。

（6）安装完毕，验收合格后才能使用。

安全通道防护棚成品图

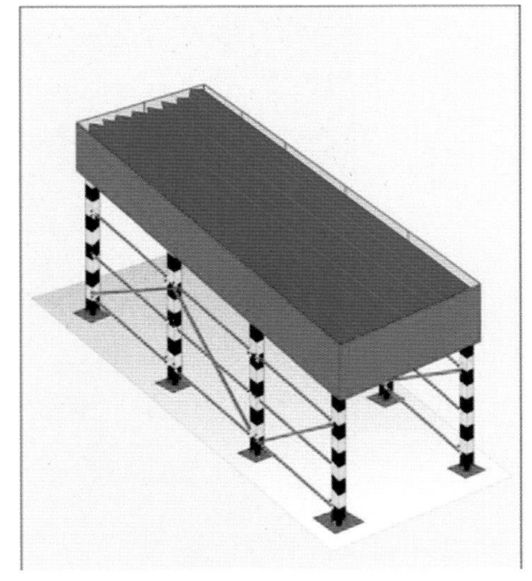

安全通道防护棚安装效果图

安全通道防护棚安装效果图

②

1—1

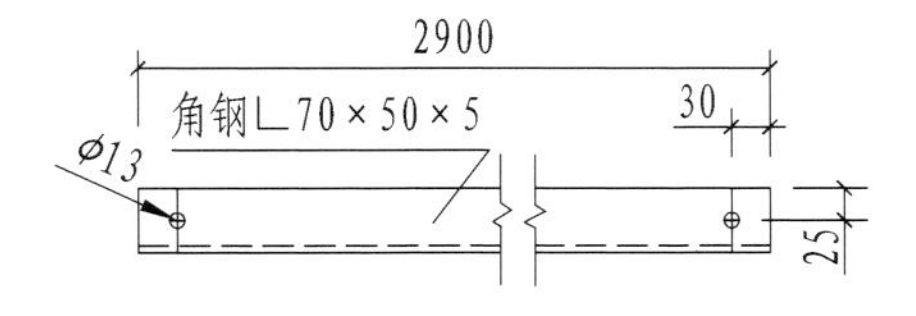


①

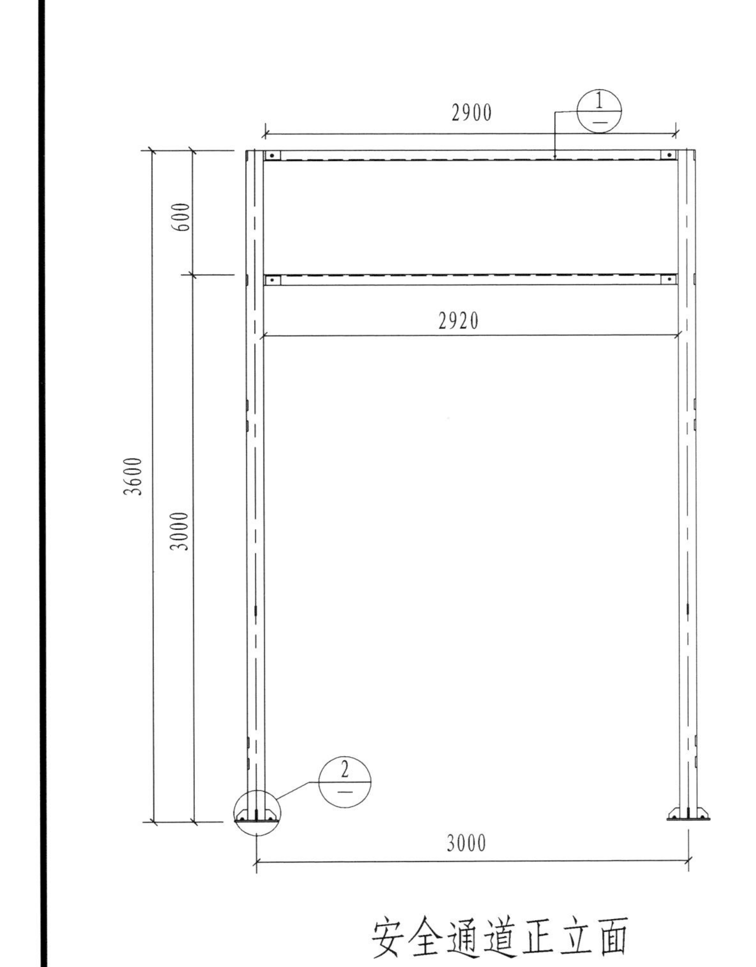


安全通道正立面

安全通道说明:

1. 本图例标注尺寸以mm为单位。

2. 搭设场地必须采用不低于C20，厚度不小于20cm的混凝土进行硬化。

3. 适用条件：基本风压为 $\omega_0$=0.3kN/m$^2$，地基承载能力大于120kPa，顶部恒载荷不大于0.4kN/m$^2$。标准长度为2m，根据施工现场条件，长度可加长到4m、6m、8m等规格。

4. 立柱通过法兰盘与4根M16×300地脚螺栓连接。

5. 防护板放置方法：采用50mm木板作双层防护，在上部横杆顶面用M10螺栓固定80×80方木，再将50mm木板牢固地固定在方木上。顶层木板需铺彩钢板防水。

6. 安装完毕，验收合格后才能使用。

7. 安全通道应设置黑黄相间的油漆警示标记。

| 安全通道防护棚 | | | | | | | | | 图集号 | 川16J119-TY |
|---|---|---|---|---|---|---|---|---|---|---|
| 审核 | 吴萍 | 吴萍 | 校对 | 袁洋 | 袁洋 | 设计 | 刘正红 | 刘正红 | | |

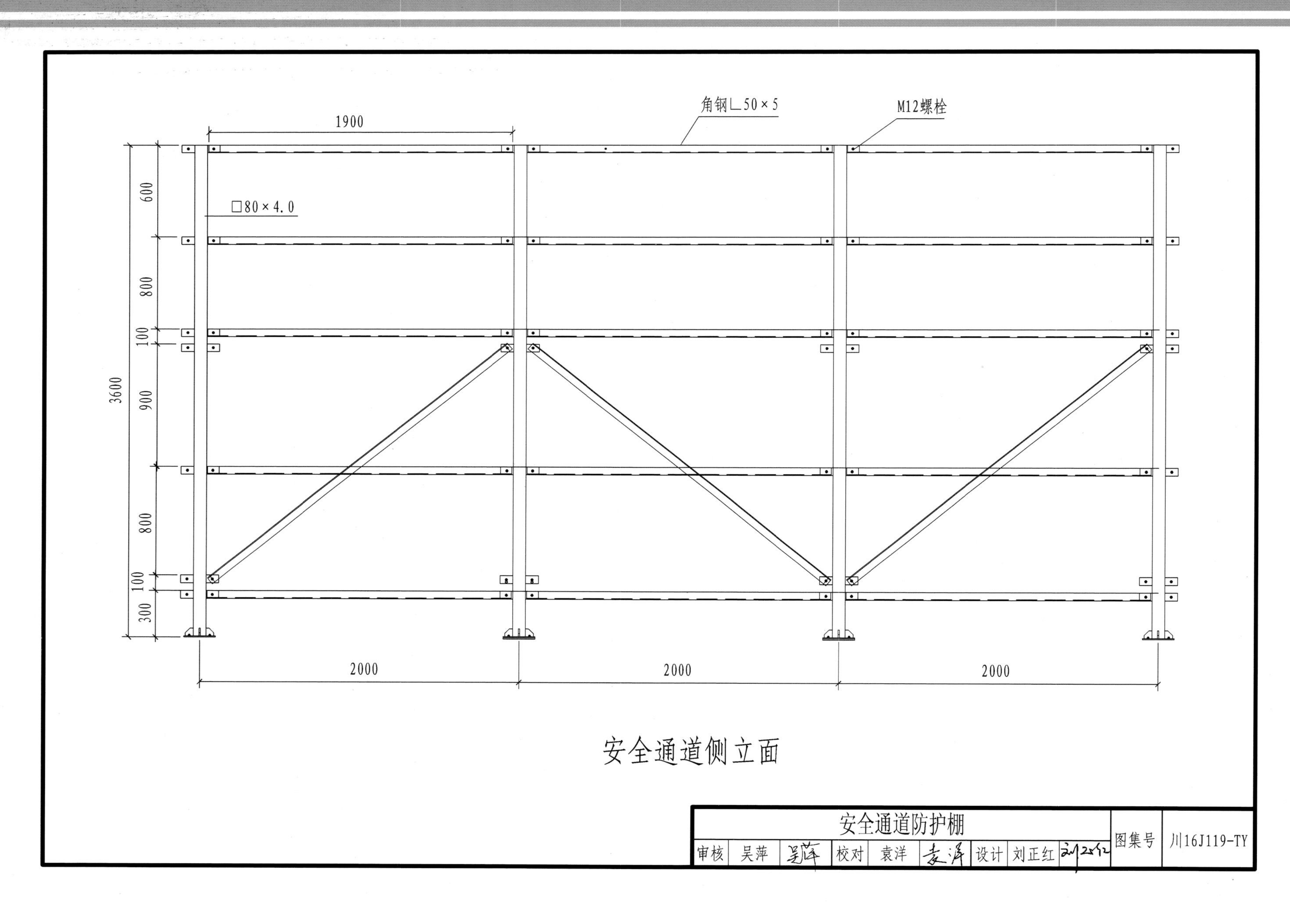


安全通道侧立面

| 安全通道防护棚 | | | | | | | | 图集号 | 川16J119-TY |
|---|---|---|---|---|---|---|---|---|---|
| 审核 | 吴萍 | 吴萍 | 校对 | 袁洋 | 袁洋 | 设计 | 刘正红 | 刘正红 | |

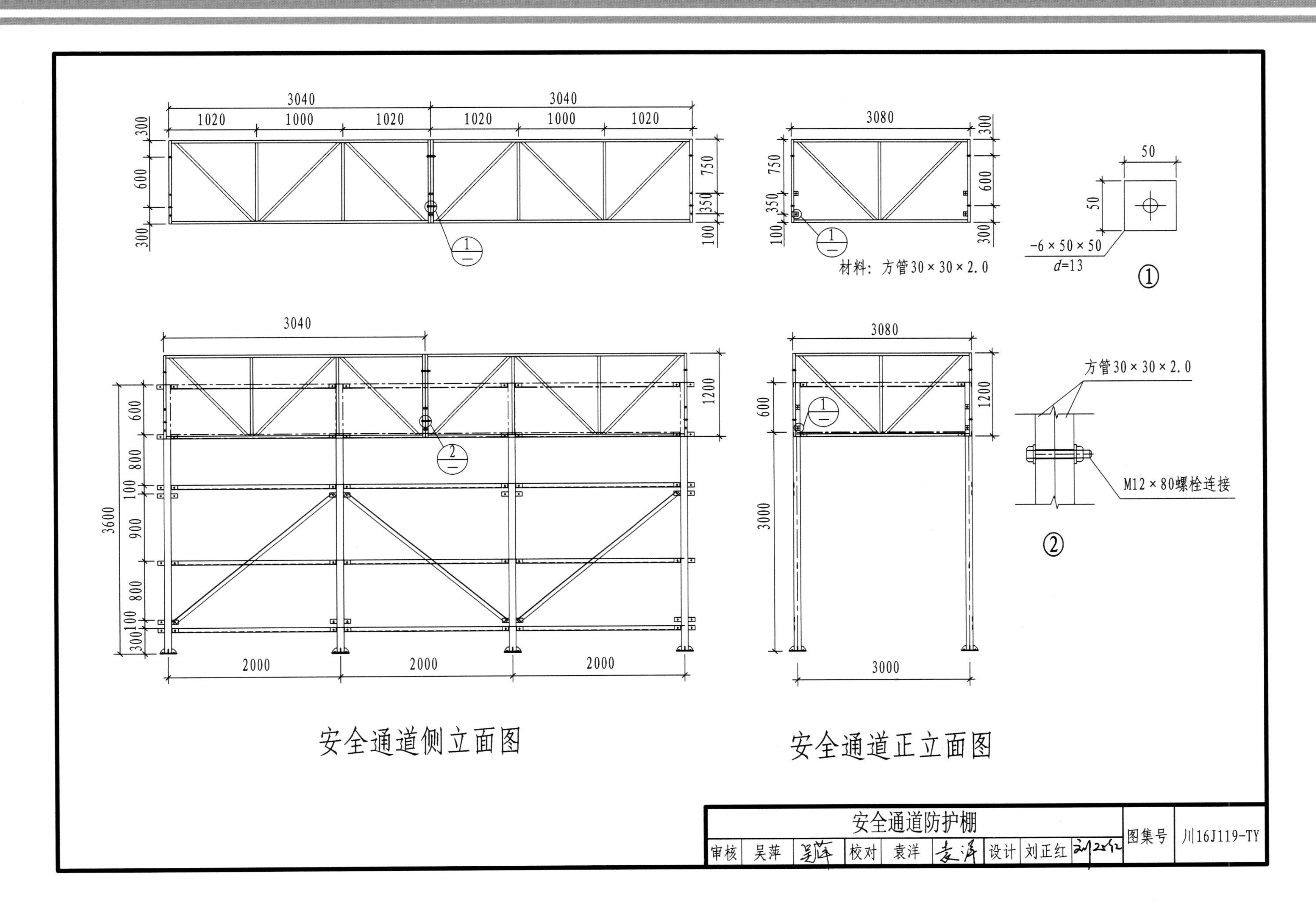
3040
3040
1020
1000
1020
1020
1000
1020
300
600
300
750
350
100
3080
300
600
300
750
350
100
材料：方管30×30×2.0
50
50
-6×50×50
d=13
①
3040
3080
600
800
100
900
800
100
300
3600
1200
2000
2000
2000
600
3000
1200
3000
方管30×30×2.0
M12×80螺栓连接
②
安全通道侧立面图
安全通道正立面图
安全通道防护棚
图集号
川16J119-TY
审核
吴萍
校对
袁洋
设计
刘正红

# 配电箱防护棚

## 配电箱防护棚系列

## 六、配电箱防护棚

【编制依据】

《建筑施工高处作业安全技术规范》（JGJ80–2016）第 7.0.1 条及《四川省建筑工程现场安全文明施工标准化技术规程》（DBJ51/T036–2015）第 7.2 节。

【适用范围】

适用于建筑施工现场配电箱防护棚。

【制作安装】

（1）配电箱防护棚为 2000 mm×2000 mm 方形，高度 2800 mm，一面设门，另三面为钢丝网围挡，顶部铺设两层防砸木板。

（2）立柱由□ 60×4 方管制作，用 M10 膨胀螺栓固定于地面，横杆、斜撑杆用∟ 50×5、∟ 40×3、∟ 30×3 制作用螺栓连接到立柱，钢丝网围挡采用∟ 40×3、∟ 30×3 角钢制作框架，在框架上焊钢板网，用螺栓连接到立柱上，门用∟ 30×3 角钢焊接而成。

（3）防护板放置方法：采用 50 mm 木板作双层防护，在上部横杆顶面 M10 螺栓固定 80×80 方木，再将 50 mm 木板牢固地固定在方木上，顶层木板上再铺彩钢板防水。

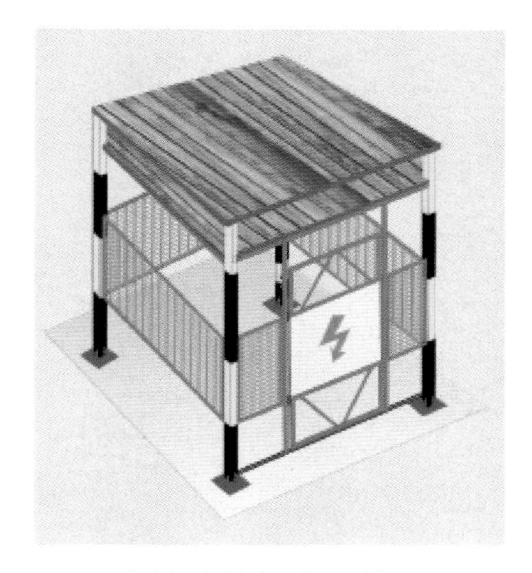

配电箱防护棚成品效果图

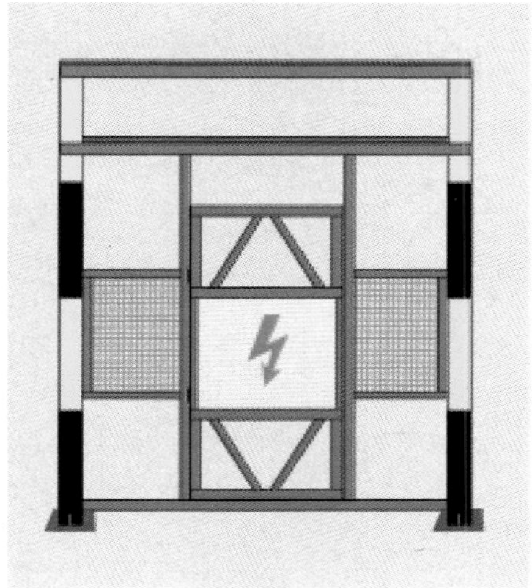

配电箱防护棚正面图

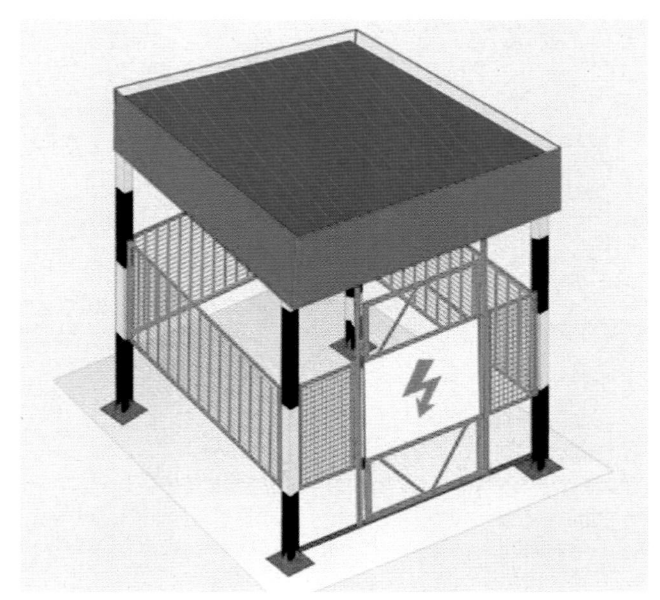

配电箱防护棚安装效果图

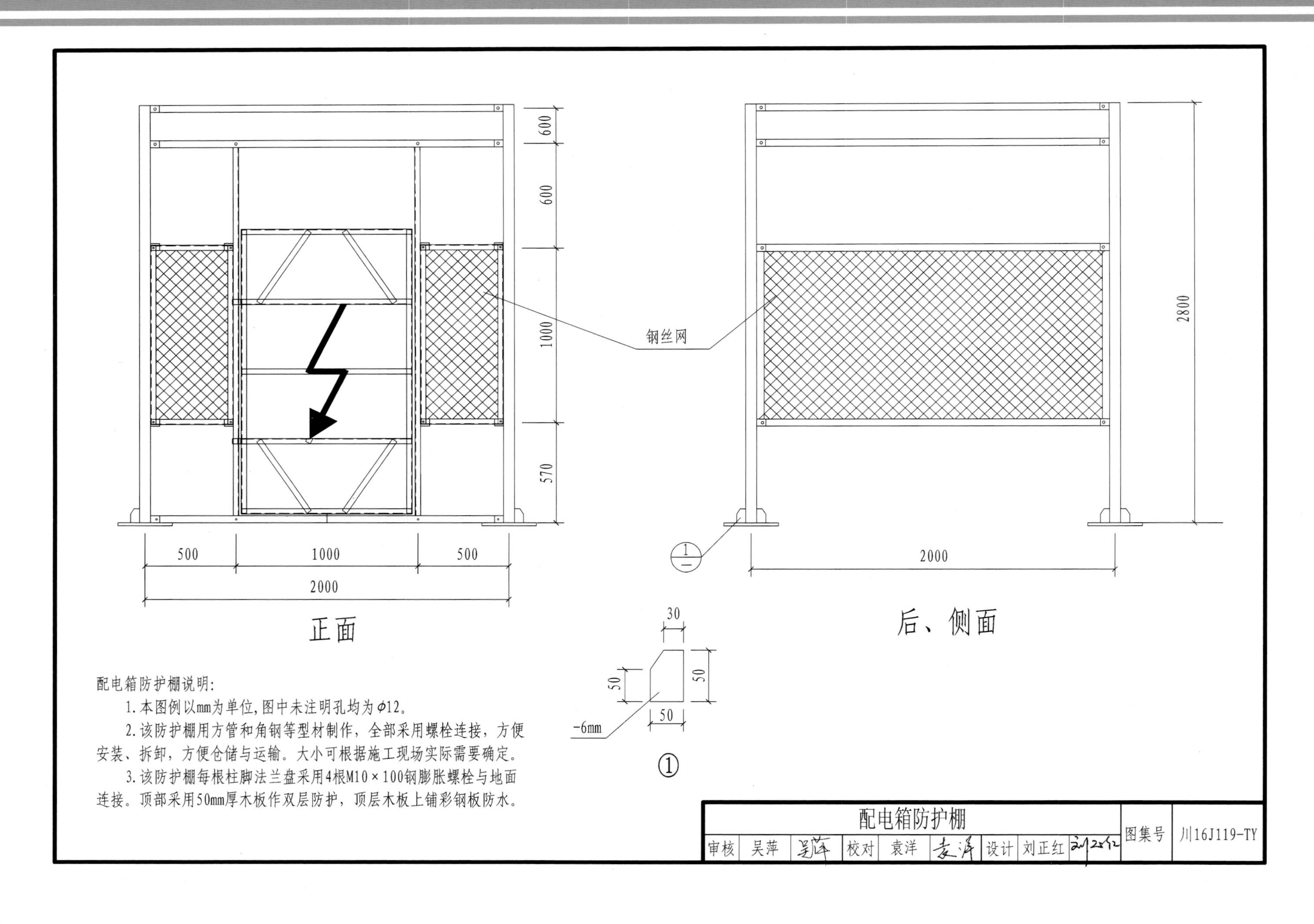


配电箱防护棚说明:

1. 本图例以mm为单位,图中未注明孔均为$\phi$12。

2. 该防护棚用方管和角钢等型材制作,全部采用螺栓连接,方便安装、拆卸,方便仓储与运输。大小可根据施工现场实际需要确定。

3. 该防护棚每根柱脚法兰盘采用4根M10×100钢膨胀螺栓与地面连接。顶部采用50mm厚木板作双层防护,顶层木板上铺彩钢板防水。

| 配电箱防护棚 | | | | | | | | | 图集号 | 川16J119-TY |
|---|---|---|---|---|---|---|---|---|---|---|
| 审核 | 吴萍 | 吴萍 | 校对 | 袁洋 | 袁洋 | 设计 | 刘正红 | 刘正红 | | |

# 电梯井内模支撑平台

## 电梯井内模支撑平台系列

# 七、电梯井内模支撑平台

## 【编制依据】

依据获得了四川省及国家级工法的《集成式核心筒内模架施工工法》。

## 【适用范围】

适用于建筑施工现场电梯井内模支撑。

## 【制作安装】

（1）支撑平台为三角形结构，底部做成倒“L”形支座的形式，支撑在电梯井混凝土连梁上，“三角形”顶部通过支架的端部支座顶在电梯井剪力墙的墙面上，内模支撑平台净高度、宽度根据实际施工现场决定。

（2）此支撑系统由□ 140 方管与 [14a 槽钢、[10 槽钢焊接而成，槽钢左右两方螺杆可以根据电梯井口宽度一定范围内调整支撑系统的宽度。支撑平台上平面与电梯井壁间隙不超过 150 mm 。

（3）安装时，采用吊车将支撑平台吊装到电梯井口内，调节螺杆，使支撑平台水平地靠置在井壁上，在支撑平台上部的 [10 槽钢系杆上铺设 50×90 木方，间距 250 mm；再在木方上铺设层板进行封闭，封闭范围，电梯门洞一侧距离剪力墙面 100 mm，其余三边距离电梯井剪力墙 50 mm。

（4）当支撑平台尺寸不同于图示比例、尺寸时，选用的型材规格应通过验算确定。

（5）安装完毕，验收合格后才能使用。在操作层的下一层应该设置水平防护。

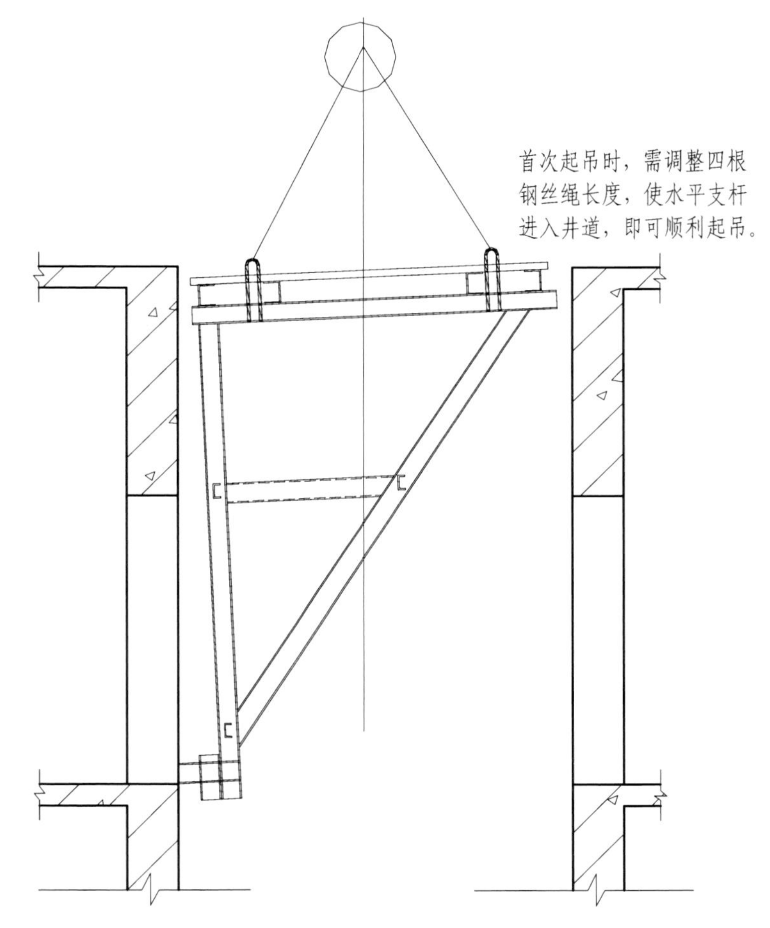


内模支撑平台吊装图

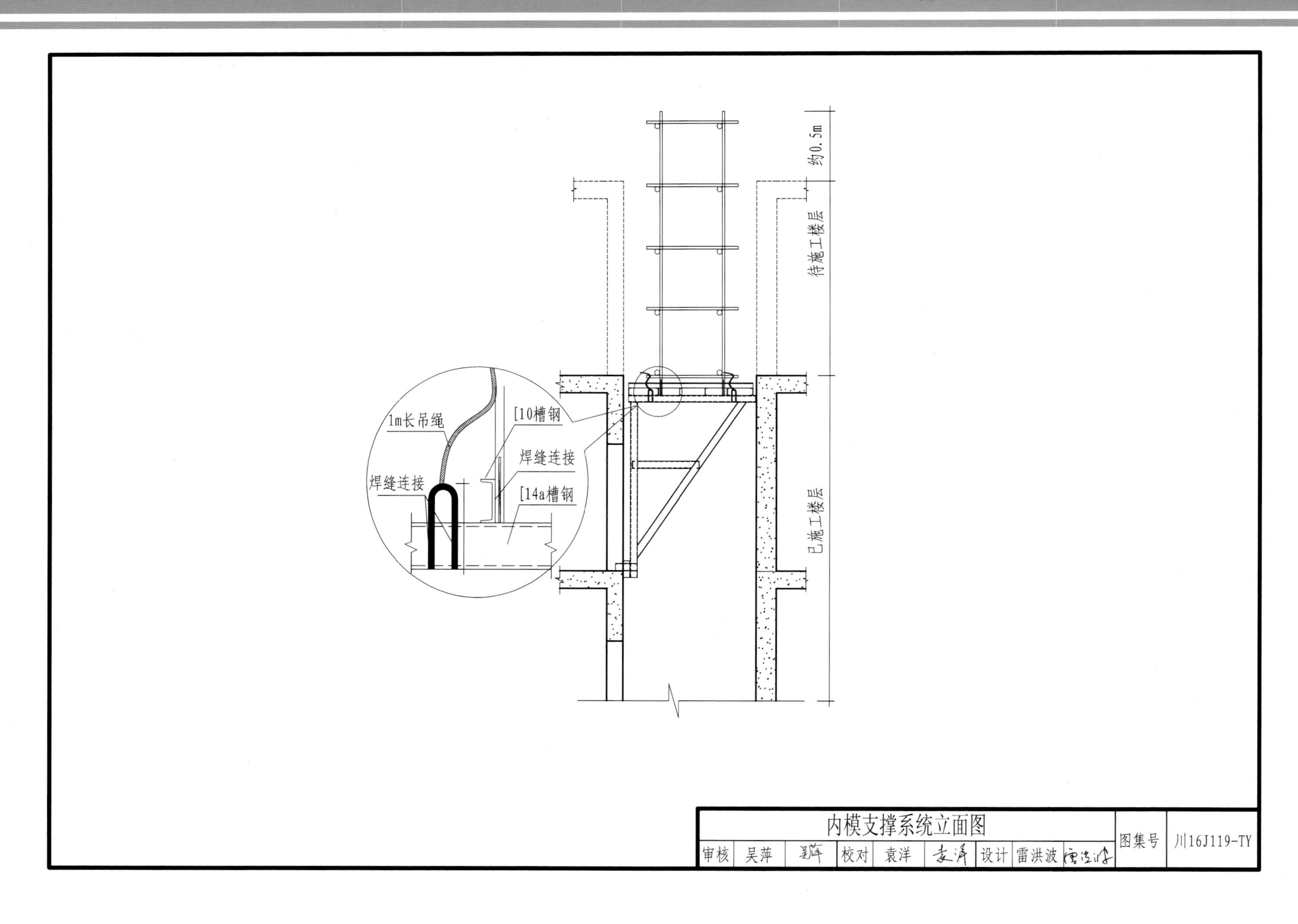


| 内模支撑系统立面图 | | | | | | | | 图集号 | 川16J119-TY |
|---|---|---|---|---|---|---|---|---|---|
| 审核 | 吴萍 | 吴萍 | 校对 | 袁洋 | 袁洋 | 设计 | 雷洪波 | 雷洪波 | |

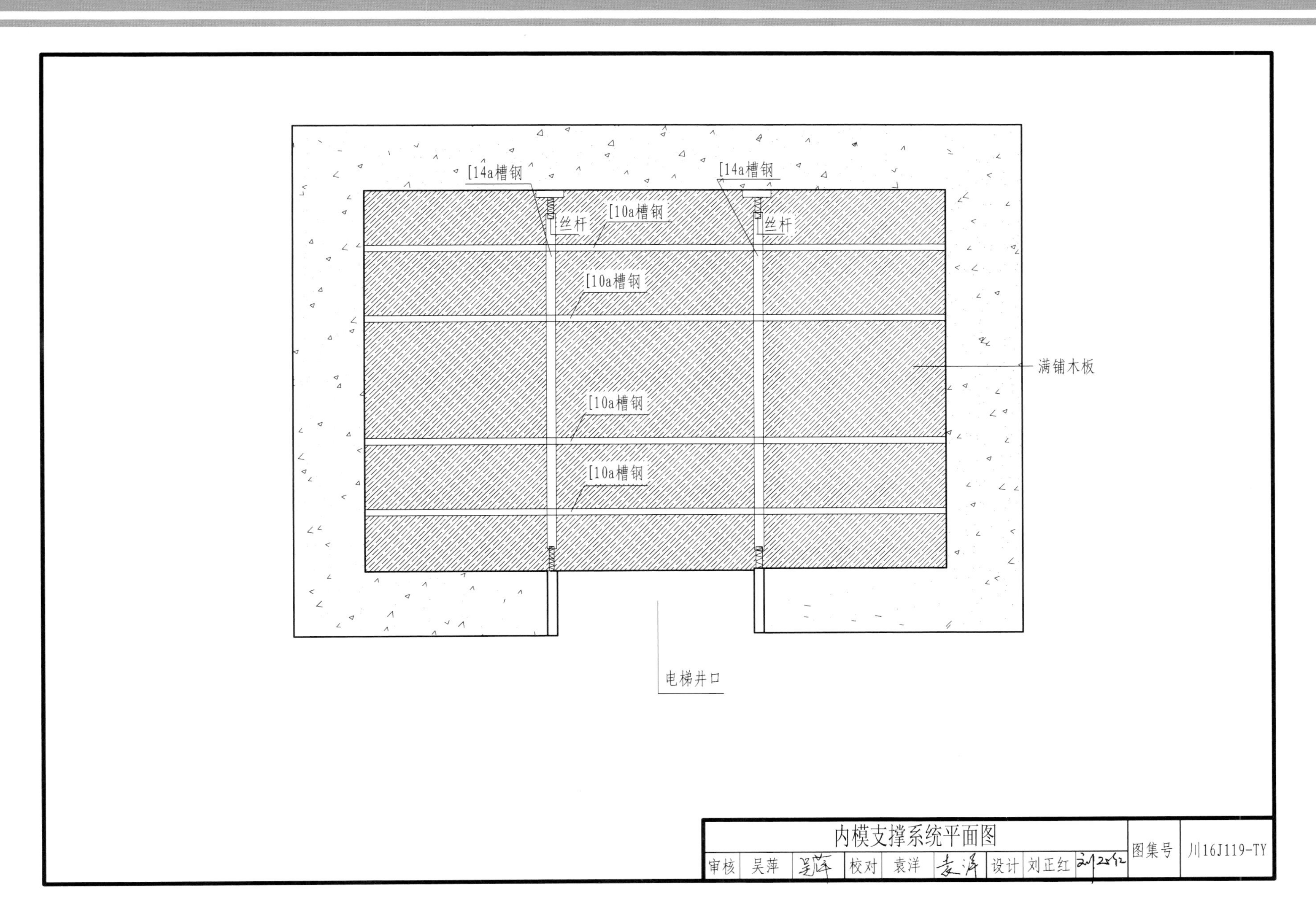


| 内模支撑系统平面图 | | | | | | | | | 图集号 | 川16J119-TY |
|---|---|---|---|---|---|---|---|---|---|---|
| 审核 | 吴萍 | 吴萍 | 校对 | 袁洋 | 袁洋 | 设计 | 刘正红 | 刘正红 | | |

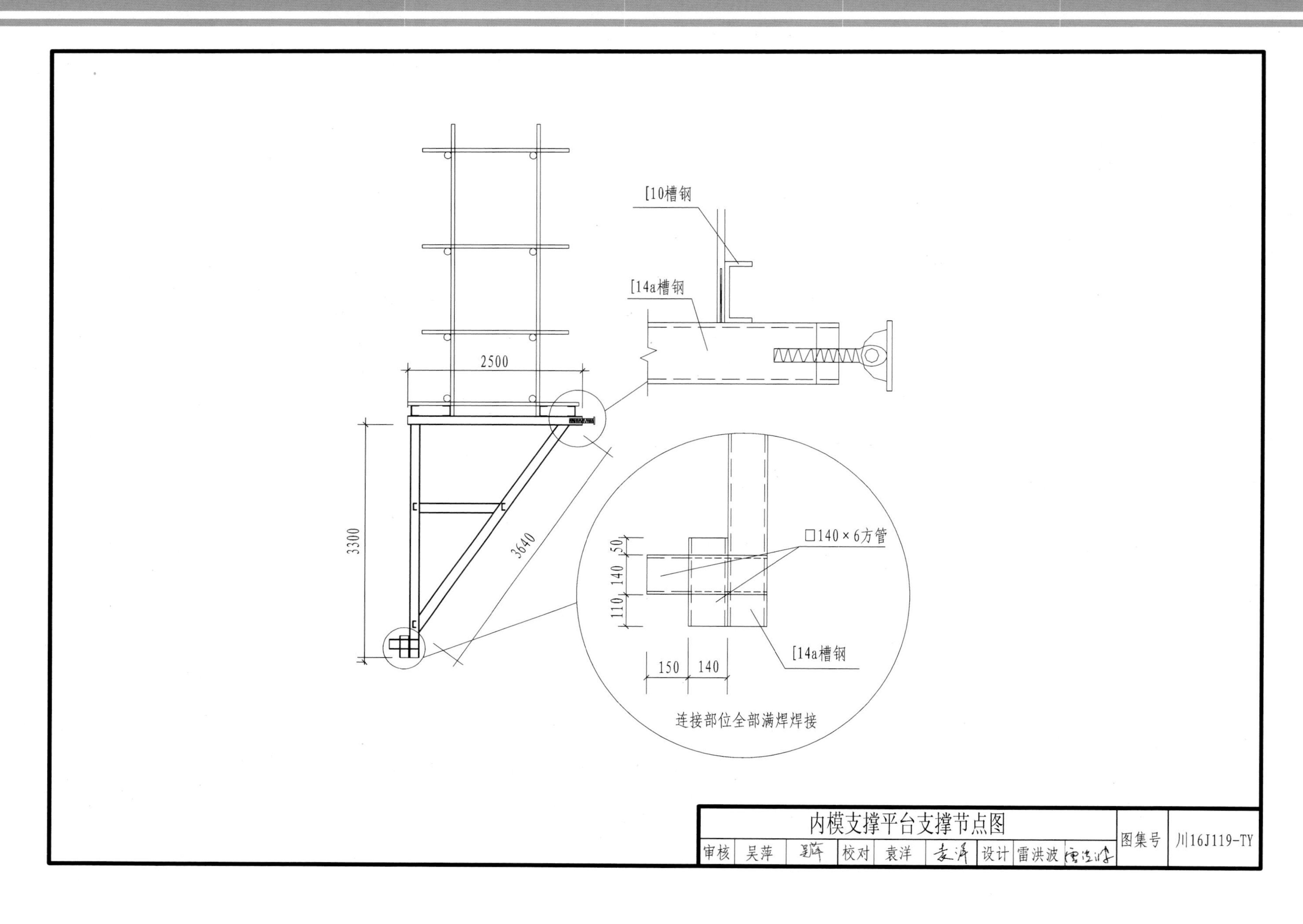


| 内模支撑平台支撑节点图 | | | | | | | | 图集号 | 川16J119-TY |
|---|---|---|---|---|---|---|---|---|---|
| 审核 | 吴萍 | 吴萍 | 校对 | 袁洋 | 袁洋 | 设计 | 雷洪波 | 雷洪波 | |

# 卸料平台

## 卸料平台系列

## 八、卸料平台

**【编制依据】**

《建筑施工高处作业安全技术规范》（JGJ80-2016）第 6.4 条及《四川省建筑工程现场安全文明施工标准化技术规程》（DBJ51/T036-2015）第 5.5 节。

**【适用范围】**

适用于建筑施工现场外立面卸料。

**【制作安装】**

（1）卸料平台悬挑梁采用 I16 工字钢，次梁采用 [14a 槽钢制作，由 M20 螺栓连接成整体。卸料平台长 5000 mm、宽 2000 mm。

（2）主梁与建筑物应连接可靠，其节点采用 U 型箍固定，U 型箍采用 ϕ18 圆钢制作，严禁使用螺纹钢筋，预埋箍筋应做隐蔽验收。卸料平台主梁端部采用钢丝绳与建筑物拉结，钢丝绳与主梁应在同一立面上，钢丝绳与建筑物的拉结点应设在框架梁上，钢丝绳一端采用花篮螺栓，以调节钢丝绳的松紧。

（3）卸料平台伸出建筑物部分周边设置组合式钢板全封闭防护栏板。

（4）所有钢构件须做红丹防锈底漆两遍，调和面漆一遍。防护栏板刷黄黑（红白）警示标志油漆。

（5）卸料平台安装前应检查预埋锚环与结构的连接是否牢固可靠，确认无误方可安装。卸料平台第一次使用时应做静载试验，在确认料台不变形、焊缝无开裂、锚环处混凝土无裂缝等现象，经验收后挂设“验收合格”牌和“限重标识”牌后方可使用。

卸料平台效果图

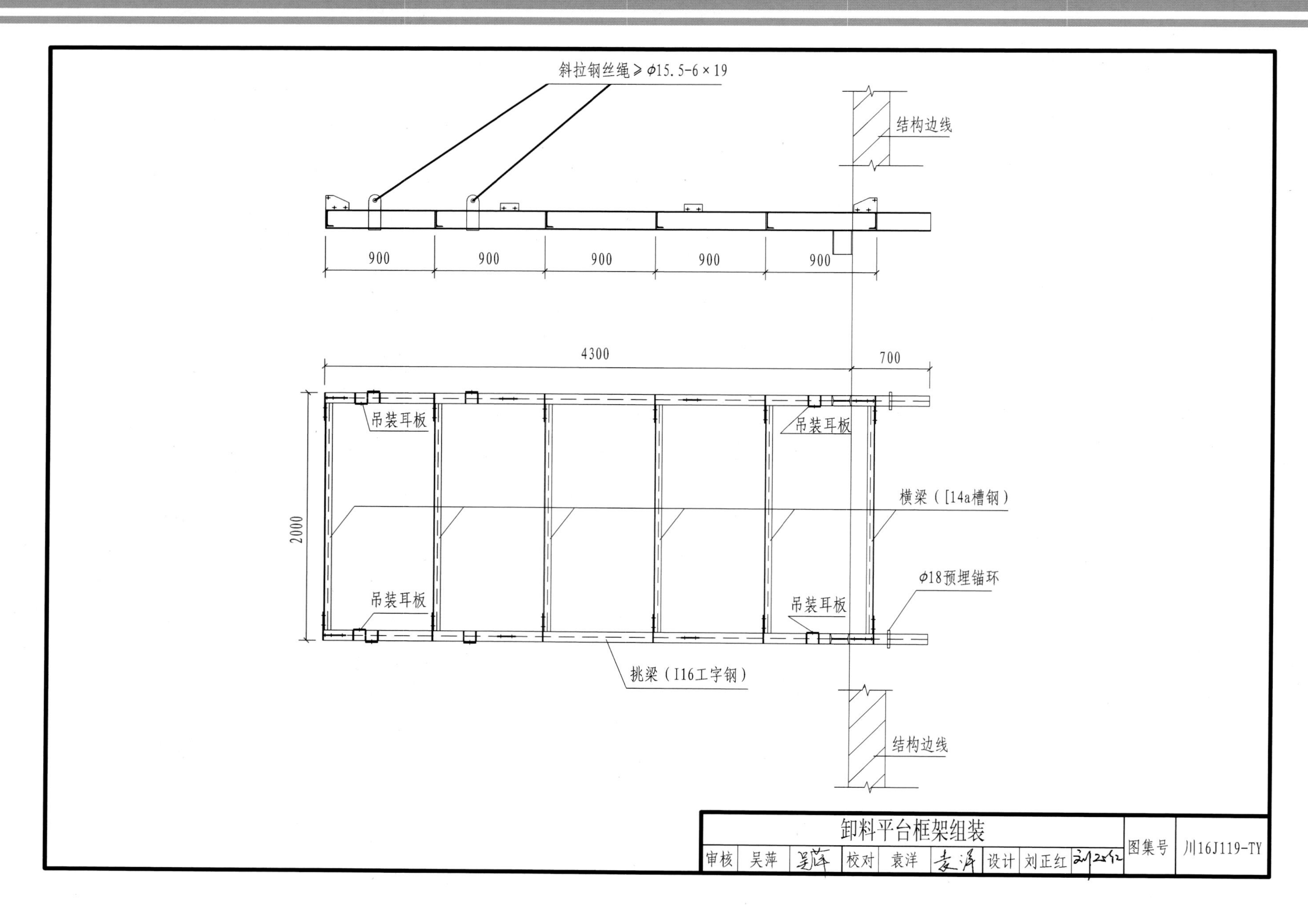
斜拉钢丝绳≥φ15.5-6×19
结构边线
900
900
900
900
900
4300
700
2000
吊装耳板
吊装耳板
横梁（[14a槽钢）
φ18预埋锚环
吊装耳板
吊装耳板
挑梁（I16工字钢）
结构边线
卸料平台框架组装
审核 吴萍 校对 袁洋 设计 刘正红
图集号 川16J119-TY

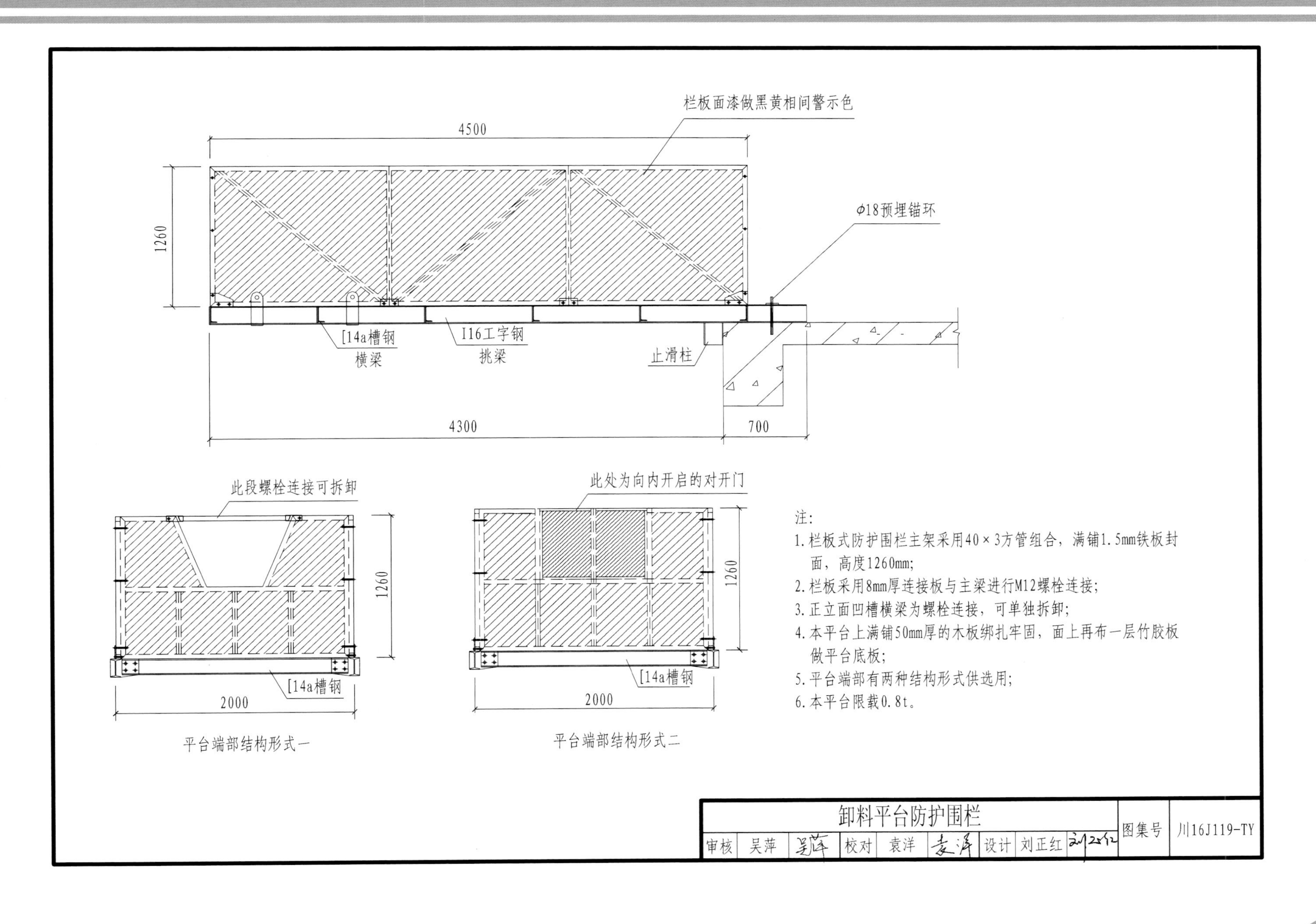


平台端部结构形式一

平台端部结构形式二

注：
1. 栏板式防护围栏主架采用40×3方管组合，满铺1.5mm铁板封面，高度1260mm;
2. 栏板采用8mm厚连接板与主梁进行M12螺栓连接;
3. 正立面凹槽横梁为螺栓连接，可单独拆卸;
4. 本平台上满铺50mm厚的木板绑扎牢固，面上再布一层竹胶板做平台底板;
5. 平台端部有两种结构形式供选用;
6. 本平台限载0.8t。

| 卸料平台防护围栏 | | | | | | | | | 图集号 | 川16J119-TY |
|---|---|---|---|---|---|---|---|---|---|---|
| 审核 | 吴萍 | 吴萍 | 校对 | 袁洋 | 袁洋 | 设计 | 刘正红 | 刘正红 | | |